テレワーク環境でも成果を出す

チーム
コミュニケーションの
教科書

池田 朋弘［著］

注記

●本書に掲載された内容は、情報の提供のみを目的としております。本書の内容に関するいかなる運用については、すべてお客様自身の責任と判断において行ってください。

●本書の制作にあたっては正確な記述につとめましたが、著者や出版社のいずれも、本書の内容に関してなんらかの保証をするものではなく、内容に関するいかなる運用結果についてもいっさいの責任を負いません。あらかじめご了承ください。

●本書中の会社名や商品名は、該当する各社の商標または登録商標です。
本書中ではTMおよび®マークは省略させていただいております。

●書籍に関する訂正、追加情報は以下のWebサイトで更新させていただきます。
https://book.mynavi.jp/supportsite/detail/9784839974381.html

はじめに

テレワークの最大の課題はコミュニケーション

コロナ以降、世の中は大きく「レス時代」に動いています。出社レスや通勤レスになり、その結果としてオフィスレスや出張レスの動きも加速し、テレワークが普及し、対面レスの状況が生まれています。
社内会議も営業もリモートが当たり前になり、満員電車での辛い通勤や、辛い外回り営業が減り、一面ではとても働きやすい環境になりました。

一方で、実際に面と向かって話す機会が減ったことで「コミュニケーションレス」にもなりやすく、信頼関係を構築しづらくなり、「チームメンバーの状況がわからない」という新たな課題が発生しています。
レス時代においては、チームメンバー同士の信頼関係がなにより重要です。信頼関係があればこそ、実際に会わずとも、お互いに安心感をもって仕事に取り組めます。
そして信頼関係をつくる礎はコミュニケーションです。オフィスレス・通勤レスであっても、コミュニケーションレスになる状態は避けねばなりません。

今、さまざまなメディアで「テレワークでのコミュニケーションのしづらさ」が課題にあげられています。「コミュニケーションが難しいので、やはりオフィスに集まるべき」といった議論もあります。しかし、コロナの影響だけに限らず、女性の活躍、介護との両立、配偶者の転勤に伴う場所移動、地域の活性化、海外とのより密な連携など、さまざまな角度からテレワークの重要性は高まっており、この流れを止めることはできないでしょう。
であれば、論点を「テレワークにすべきかどうか」ではなく、「テレワークでどのように良質なコミュニケーションをとれる環境をつくるか」に切り替え、試行錯誤を重ねていくべきでしょう。

本書はテレワークで円滑にコミュニケーションを取るための実践手引

本書は、私自身が2016年から5年間にわたり、ほぼ全員がテレワークでの会社経営・チームマネジメントを実践する中で得られた知見・経験をまとめています。実経験に根ざした内容ばかりであり、すぐに活用可能な実践的な内容になっていると自負しています。

私は2社の会社経営を行っていました。1社は2013年に創業した株式会社ポップインサイトという企業で、WebサイトやアプリのUX（ユーザ体験）を改善する専門会社です。
ポップインサイトは2016年から全面的にテレワークに移行しました。テレワーク移行直後は、コミュニケーション面よりも、業務進行や管理などといった、より実務面での取り組みを重視していました。しかしその結果、以下のようなコミュニケーション課題が多く発生しました。

- **メンバーが互いに何をやっているかわからない**
- **雑談や相談がしづらい**
- **未経験のメンバーを指導できない**
- **モチベーションを維持できない**

テレワークにおいては、物理的に距離が離れている分、意識しないと心の距離も離れてしまいます。心の距離が離れると、信頼関係を築きにくくなるだけでなく、信頼が損なわれる危険性まではらんでいます。この状況を変えるには、コミュニケーションのあり方や仕組みをテレワークに最適化する必要がありました。

またポップインサイトと並行し、2015年には新しい会社を立ち上げました。当時、クラウドソーシングという業態が非常に伸びていました。インターネット上で働きたい人を集め、インターネット経由で行える仕事を受注し、納品するという仕組みです。
この成長市場に目をつけ、「ちょっと難しい単純作業」を専門としたクラウドソーシング事業を行う会社を立ち上げました。社員数は0人で、全員が業務委託というスタイル。「仕事をしたい人（在宅ワーカー）」は増えており、インターネット経由で毎月500人～1,000人程度を集めることができました。

そして、この会社でもコミュニケーションが問題になりました。クラウドソーシング事業では、在宅ワーカーさんとの間に雇用関係はなく、ある特定の仕事を依頼し、納品してもらうという極めて短期的な関係です。また仕事内容も、案件ごとに異なります。「極めて薄い関係性」かつ「案件ごとに異なる仕事内容」という状況で、しっかりと納期と品質を担保して仕事を進めていくために、コミュニケーション方法を工夫する必要がありました。

この2社を経営し、何千人もの方々とテレワーク前提で仕事をする中で学んだ、テレワークでのコミュニケーションにおける落とし穴や留意点、チーム運営における具体的な取り組みをまとめたものが本書です。

本書の構成

第1章では、テレワークの導入を検討している企業や検討担当の方向けに、テレワークの必要性やテレワークを導入する際の課題について、2020年8月時点での最新データを参照しながら概説しています。

第2章では、テレワークにおけるコミュニケーションの課題について、4つの大きなパターンに分けた上で、課題・要因・対策をまとめています。各対策と4章以降の具体的な取り組みは紐付いていますので、索引のようにご活用ください。

第3章では、テレワークで円滑にコミュニケーションを行う上で欠かせないサービスやツールを列挙しています。第4章以降の取り組みと合わせて、自社に足りないものがあれば、導入検討の参考にしてください。

第4章〜第7章では、テーマごとの具体的な取り組みを紹介しています。それぞれの取り組みは「What：どんな取り組みか」「Why：なぜその取り組みが必要か」「How：どのように活用していくか」という枠組みで整理しています。まだ実施していない取り組みからご覧頂いても構いませんし、既存の取り組みをよりうまく活用するTipsが欲しい場合に参照頂いても問題ありません。

Contents

はじめに ―― 3

著者略歴 ―― 10

1 テレワークが当たり前の時代

コロナで働き方がガラリと変わった ―― 12

企業がテレワークに取り組む3つの価値 ―― 14

テレワーク導入の4つの抵抗 ―― 16

テレワークでは、これまで以上に
コミュニケーション設計が重要に ―― 24

リモートコミュニケーションは
「ローコンテクスト」が大事 ―― 28

2 リモートコミュニケーションでのトラブルパターン

パターン1：チームの一体感を出しづらい ―― 32

パターン2：連絡・相談しづらい ―― 40

パターン3：オンライン会議を進行しづらい ―― 45

パターン4：メンバーの管理・サポートがしづらい ―― 50

3 リモートコミュニケーションに欠かせないサービス

ビジネスチャット
カスタムアイコンで盛り上がるSlackがオススメ ―― 56

オンライン会議
軽快動作のZoomがオススメ ―― 60

オンラインストレージ
Google DriveやBoxなど ―― 64

オンラインドキュメント
Googleドキュメントやスプレッドシートなど ―― 67

カレンダー
Googleカレンダーなど ―― 70

画面キャプチャ
標準機能やGyazoなど ―― 72

スクリーン録画
画面録画ツール＆YouTubeかLoom ―― 75

オンラインホワイトボード
miroなど ―― 81

4 信頼関係を高めるチームビルディングの４つの取り組み

自己トリセツ（取扱説明書）をつくる ―― 86

オンライン合宿をする ―― 92

メンバー全員で相互1on1をする ―― 99

チームの行動指針をつくる ―― 103

Contents

5 業務をスムーズに進めるための11のコツ

文章リテラシーを上げる 110

チャット活用リテラシーを上げる 117

絵文字・スタンプは使い込む 129

毎日オンライン朝会をする 136

自分チャンネルをつくる 142

カレンダーで業務状況を可視化する 150

進捗状況を可視化する 155

分報・日報で業務状況を共有する 161

画面キャプチャを活用する 167

スクリーン録画を活用する 175

予備ワークを用意する 181

6 オンライン会議の生産性を上げる7つの工夫

事前アジェンダをつくる 186

画面共有で「何を見るべきか」を示す 190

音声状況に注意する 194

表情を意識する 200

会議時間は標準30分にする —— 205

オンラインイベント技法を活用する —— 209

議事とTODOは整理し、すぐに行動する —— 218

7 評価・育成に欠かせない4つの取り組み

評価基準は擦り合わせる —— 224

1on1を毎週行う —— 232

ギャップアンケートで状態を把握する —— 237

ヒーローを称える —— 243

終わりに —— 250

索引 —— 254

著者略歴

池田 朋弘（イケダ トモヒロ）

起業家 / 株式会社メンバーズ執行役員

早稲田大学在学中にもっとネクスト株式会社の創業にCTOとして参画。
2008年、UXコンサルティング事業を行う株式会社ビービットにUXコンサルタントとして入社。
2013年、UXリサーチ事業を行う株式会社ポップインサイトを創業、同代表取締役に就任。2016年から全面的にリモートワークを導入し、2018年には総務省のテレワーク先駆者百選に選定。2017年4月にM&Aにより株式会社メンバーズのグループ会社となり、2020年3月に代表取締役を退任。
2015年、クラウドソーシング事業を行う株式会社MIKATA（現、株式会社イングクラウド）を創業、同代表取締役に就任。2016年10月にM&Aによりインググループのグループ会社となり、代表取締役を退任。
2020年4月、DX支援事業を行う株式会社メンバーズ執行役員に就任。複数の新規事業の立ち上げやエンジェル投資なども行う。

テレワークが当たり前の時代

コロナ以降の数ヵ月間で、テレワークや在宅勤務が当たり前の時代になりました。しかし、まだまだテレワークに抵抗感がある人や、テレワークを試してみたがうまくいかないという悩みを持つ人も多いでしょう。

この章では、私自身のテレワークの経験や各企業の取り組みに触れながら、テレワークのメリットや抵抗感などを概観していきます。

また、本書のメインテーマである「テレワークにおけるコミュニケーションの重要性」や「テレワーク環境でのコミュニケーションで欠かせない考え方」についても説明します。

コロナで働き方がガラリと変わった

テレワーク化が急激に進行

私が経営していたポップインサイトは、2016年に本格的な全面テレワークへ移行しました。その結果、オフィス賃料・交通費などのコストを大きく削減しただけでなく、採用競争力や企業認知度が向上。テレワーク化が事業成長に大きく貢献しました。
テレワークを認めることで採用競争力が上がったということは、逆に言えば、多くの企業がテレワークを認めていなかったということです。正社員採用において、入社直後からのテレワークを認めていた企業は、当時は当社を含めておそらく数社しかありませんでした。採用サイトからの応募者に話を聞くと、「テレワークができると採用条件に書いてあっても、実際には週1回以上の出社が必須であったり、初期の数ヵ月は出社前提であったりと本当にテレワークができる会社はなかなかない」とよく言われました。

ときが過ぎ、2020年8月現在。新型コロナウイルスの大流行により、テレワーク導入を全面的に認める企業が急激に増えました。
パーソル総合研究所が行った2万人を対象にした大規模調査では、2020年3月時点でのテレワーク実施率が約13%だったのに対し、緊急事態宣言後の4月にはなんと約28%に急増しました。
当然ながら、すべての業種・業務がテレワークを行えるわけではありません。医療従事者・公共インフラ・小売・保育・物流など、現場を支える「エッセンシャルワーカー」と呼ばれる職業の方々は、現場に出勤しないと仕事ができません。
上智大学教授の水島宏明さんによれば、アメリカにおいては、労働者の3～4割がエッセンシャルワーカーである、と推計※されています。日本においても、同程度の割合であると仮定すると、エッセンシャルワーカー以外の職種は労働者の6～7割。この6～7割の労働者は、リモートワーク化できる可能性が高い人々と言えそうです。パーソル総合研究所の調査では労働者の約3割がテレワークを実施していたので、リモートワークができる仕事に従事している方の半数程度がすでにテレワークへ移行したと言えます。

※ https://news.yahoo.co.jp/byline/mizushimahiroaki/20200415-00173386/

一方で、テレワークからオフィスワークに戻るという動きもあります。テレワークよりオフィスワークを好む経営者・上司の意向や、オフィスの方が集中でき生産性が高くなるという個人のスタイルなど、さまざまな理由があるようです。
しかし、一度テレワークを経験し、「テレワークでも大丈夫」という実感を得た以上、すべての企業が以前と同様にオフィス出社前提に戻るとは考えられません。日本労働組合総連合会が2020年6月に行った「テレワークに関する調査2020」※でも、「テレワーク継続を希望する」人が8割を超えています。
今後、企業は「なぜわざわざ出社するか」という問に答える必要がありますし、「テレワークをするかどうか」ではなく「どのようにテレワークでも問題なく業務を行うか、会社を経営するか」が論点になるでしょう。

社内も社外もオンライン会議が当たり前に

テレワークが前提になったことで、会議や打合せのあり方も激変しました。ポップインサイトは、2016年には会社全体が全面テレワークに移行していましたが、クライアントとの会議は訪問での対面会議がほとんどでした。正直なところ、私個人としては「これわざわざ行く必要ないよな」という思いを抱えていましたが、「当然、オフィスに来てくれますよね」という無言・有言の圧力は強く、営業チームなど外部と接するメンバーは移動を余儀なくされていました。
しかしコロナでクライアントもテレワークになったことで、対面会議は激減しました。私の例だと、コロナ以前は週1～2日は対面でのアポイントや打合せがありましたが、2020年4月以降、対面で会議したことは一度もありません。ポップインサイトでは、クライアントから調査の依頼をいただき、その調査結果を報告するのが仕事です。報告会は非常に重要な位置づけであり、以前であれば、10社中9社は訪問報告が必須でした。これもコロナの影響で、ほぼ全てリモート化しています。
私が執行役員を務めているメンバーズでも、社内会議や全体会議はほとんど全員がリモート参加になりました。以前は私だけがリモートで参加するということも多かったのですが、今では逆にオフィスにいる方が珍しい状況です。
このように社内も社外も次々にオンライン会議が当たり前になってきています。それに伴い、本書で後ほど紹介するような「オンライン会議のスキル」が求められています。

※ https://www.jtuc-rengo.or.jp/info/chousa/data/20200630.pdf?42

企業がテレワークに取り組む3つの価値

多くの企業でテレワークの導入が進んでいるとはいえ、まだまだテレワーク自体に否定的な企業や、一部でしか認められていないケースも多く見受けられます。すべての会社がテレワークに移行する必要があるとは思いませんし、会社・経営陣の嗜好性によっても導入度合いは大きく変わるとは思いますが、「本当はもっとテレワークの頻度を上げたいが、社内を説得できない」という残念なケースも多いようです。そこで、テレワークに取り組む価値と、テレワーク導入に対するよくある抵抗への説明として、現時点での私の見解を整理しておきます。

価値1. 社会的責任

テレワークを導入できるのは、オフィスワークやインターネット・IT機器経由で行える業務に限られています。社会人の3～4割を占めると思われるエッセンシャルワーカーの方々をはじめ、そもそもテレワークを導入したくてもできないケースも多くあります。
だからこそ「やろうと思えばテレワークができる会社・できる業務」は、率先してテレワーク化を推進することが1つの社会的責任だと考えます。
コロナにおいては、政府や行政がさかんに喧伝しているように「三密を避ける」「人混みを減らす」ことが推奨されています。テレワークができる人が外出を避けることで、テレワークができない人々の接触リスクも下げることができます。

また、テレワークにより外出が減ることはムダなエネルギー削減にもつながります。コロナで外出が減ったことで、CO2が激減したというデータも世界各地で出されています。

価値2. 社員の定着率・採用力アップ

テレワークを導入すると、既存社員の定着率を上げることができます。子育て、介護、配偶者の転勤、病気などで仕事を続けられなくなった人も、テレワークであれば仕事を続ける余地が生まれます。通勤時間がカットできることで、家族との時間を増やすことができ､家事育児の役割分担をより柔軟に設計できます。夫婦関係・家族関係が良好であれば、仕事にもより意欲的になれるでしょう。また家族の事情がなかったとしても、そもそも8割以上の人がテレワークの継続を求めています。合理的な理由なくテレワークを認めない企業は、社員からの信頼を失うでしょう。

既存社員の定着だけでなく、採用力の向上にもつながります。テレワークの利用意向がこれだけ強い状況で、テレワークを認める企業とテレワークを認めない企業、求職者がどちらの方に就職したいと思うかは自明です。
先に述べた家族の事情（子育て、介護、病気）がある人でも、仕事能力が高い人はたくさんいます。テレワークという選択肢を提示することで、これまで集められなかった求職者を集めることもできます。
さらにテレワークなら、採用対象地域も広げることができます。ポップインサイトが、規模も知名度も全くないにも関わらず、東大・京大といった優秀な学歴をもった方や、さまざまな経験・能力をもった方の採用に成功したのは、まさに「地域を限定しない」ためでした。北海道から四国、海外まで、全国津々浦々で採用ができたことは、事業成長に大きく寄与しました。
最初からテレワークでの採用は、既存社員へのテレワーク導入とは別次元に高いハードルがあります。しかしGMOペパボ株式会社※など、すでに全国採用に踏み出している企業も出始めています。

価値3. コストダウン

テレワーク導入のさらなる価値として、コストダウンの価値もあります。具体的に削減されるコストは以下のとおりです。

- **オフィスの賃料：1人1席を前提とする必要がなくなり、社員が増えても増床不要**
- **通勤費用**
- **出張費用：出張先の事情にもよるが、テレワーク化を前提とすると出張の必要性が下がる**
- **交際費用：テレワーク化により、会食などの機会が大きく減る**

これからテレワークを導入する場合、IT機器・セキュリティ・規定整備などの追加費用は発生しますが、トータルで見れば多くの企業はコストダウンするでしょう。

※ https://www.itmedia.co.jp/news/articles/2007/03/news145.html

テレワーク導入の4つの抵抗

テレワーク導入のメリットを前述しましたが、次はテレワーク導入でよくある4つの抵抗を挙げ、それに対して反論を試みます。

抵抗1：会社の一体感やカルチャーが失われる

テレワークになると、当然ながら直接会う機会は減ります。物理的な距離感が生まれることにより、会社への共感、ビジョンへの理解度、チーム意識などが低下し、組織の力を弱めてしまうのではないか、という懸念が生じる経営者・マネージャーは多いでしょう。

この懸念に対し、以下の順序で考えていきます。

- **●そもそも一体感やカルチャーとは何か**
- **●一体感やカルチャーはどんな要素で醸成されるのか**
- **●テレワークではこれらの要素は実現できないのか**

一体感やカルチャーは「ミッション・ビジョン・行動指針への共感」が生む

一体感やカルチャーという言葉で表現されるものの本質は何でしょうか。さまざまな考え方があるでしょうが、個人的には「ミッション」「ビジョン」そして「行動指針」の3つが構成要素になると考えています。
ミッションは、「会社や組織の存在意義であり、どんな価値を社会に提供していきたいか」。
ビジョンは、「ある時点において、具体的に会社や組織がどんな状態でありたいか」。
行動指針は、「組織のメンバー全員が重要と思う価値観・考え方」。

ミッション・ビジョン・行動指針に対して、共感度が高い組織は、一体感があり、カルチャーが強い組織です。一方、これらの共感度が低い組織は、一体感が乏しく、カルチャーが弱い組織です。

ミッション・ビジョン・行動指針への共感は、「入社段階の選別・日々の業務における浸透・定期的な振り返り」が生む

では、ミッション・ビジョン・行動指針への共感は、どのような要素から醸成されるのでしょうか。これもさまざまな要素がありますが、個人的には以下の3つの要素が重要だと考えています。

1つ目は、入社段階での選別です。「ミッションやビジョンに関心が持てるか」「行動指針に納得できるか」は、個人のバックグラウンドやこれまでの人生経験に根ざしています。そもそも共感度が低い人を採用すると、入社後にどれだけ努力しても共感度を上げることは難しいでしょう。

2つ目は、日々の業務における浸透です。ミッションやビジョンをいかに普段の業務に紐付けるか、また行動指針をどのように普及させ徹底していくか、が重要となります。

3つ目は、ミッション・ビジョン・行動指針の定期的な振り返りです。普段の業務時間はどうしても目先の取り組みに追われがちです。四半期・半期の節目のタイミングで、定期的に振り返りを行い、思いを新たにすることが大事でしょう。

テレワーク主体でも選別・浸透・振り返りは実現できる

これら3つの要素をテレワークでは実現できないでしょうか。私自身の実感・実体験としては、これらはすべてテレワーク主体でも実現できます。むしろ、テレワークだからこそ実現しやすいものもあります。

入社段階での選別では、面談をオンライン化することで、これまでは面接のための移動時間などに費やされていた無駄な時間を、より深いコミュニケーションの時間にあてやすくなります。最終面談などの一部の過程はこれまで通りに対面で行うことは重要でしょう。しかし、テレワークを取り入れることで、応募者・担当者の双方の時間効率を高め、本質的な選別に時間をかけることができます。

日々の業務における浸透も、コミュニケーション設計次第で問題なくできます。朝会、1on1、チャットでのやり取り、アンケートでの状況確認など、「コミュニケーションの仕組み」をしっかり工夫することで、対面以上に深く細やかに伝えることがで

きます。

また定期的な振り返りについても、オンラインを中心とした取り組みで実現できます。オンラインを中心としたイベントやワークショップの手法は日々進化していますし、やりようによってはリアルで集客する以上の感動や共感を生むことも可能です。

ここで記載した「コミュニケーションの仕組み」は、まさに本書のメインテーマですので、ぜひ4章以降の具体的な取り組みをご覧ください。

抵抗2：生産性が下がる

テレワークになると業務の生産性が下がるのでは、という懸念が生じます。

●同じ空間にいないことでコミュニケーションのロスが起こる

●自宅にいると普段よりサボってしまう（監視できない）

などがその理由として挙げられるでしょう。それぞれ考えていきます。

コミュニケーションのロスが起こると生産性は下がるのか？

テレワークだと確かにちょっとした質問や相談はしづらくなります。しかし、本当にそれで「生産性が下がる」と言えるでしょうか。

10年以上前からリモートワークを全社的に取り組んでいることで有名な37signalsの創業者は『リモートワークの達人』で、次のように「テレワークだと生産性が下がる」という懸念に対し反論しています。

「みんなでひとつのオフィスにいると、いつでも質問できるという空気ができあがる。相手の都合にはおかまいなく、集中モードの最中に「ちょっとすいません」といわれて作業を中断。（中略）オフィスで仕事が進まない、最大の原因だ。」
「でも考えてみてほしい。その質問は、本当に緊急なのだろうか？（中略）緊急の質問もあれば、いつでもいい質問もある。まずはこの区別をはっきりさせることだ。そのうえで、数時間待てる内容の質問なら、メールで投げておく。数分以内に返事がほしいなら、インスタントメッセージ。本当に一分一秒を争う緊急事態なら、電話をかけて作業を中断させればいい。」

「でもいったん慣れてしまえば、あまりの快適さに驚くはずだ」※

テレワークにより不必要なコミュニケーションを抑制することで、むしろ生産性は上がるとも言えるわけです。

自宅にいるとサボってしまう

「自宅にいるとサボる」という話もよくあります。たしかに在宅であれば、上司や同僚の目がないことで、作業の途中でソファに横たわってみたり、スマホをいじったりすることもあるでしょう。実際に私もあります。
しかし、そういったちょっとした息抜きは、やり方が異なるだけで、オフィスにいても発生しています。同僚とお喋りしたり、喫煙所で一服したり、トイレに行きがてら小休憩を挟む、などといったことはオフィスで頻繁に起こっています。

メンバーズでは､毎年200人以上の新卒を採用します。今年はコロナの影響で1,000人以上がテレワークに移行しました。取締役の高野に「サボるという不安はないのか？」と質問すると､「そもそもサボる人はオフィスに出社していてもサボっており、採用自体の失敗だと思います。真面目に働く人なら、その懸念はあまりない」という明快な答えが返ってきました。サボる人は、テレワークでもオフィスでもサボっているわけです。

むしろ生産性という視点では、オフィスに出社していると、「会議」「相談」と称し、アウトプットや結論が出るわけではない時間を過ごしている人もいます。人と話していることで「仕事をしている感」を周りに出しやすいですし、本人も何となく達成感があるのでしょう。
これがテレワークになると、アウトプットがないことは一目瞭然ですし、オンライン会議に出席しても発言がないと存在感が全く出ないため､「仕事をしている感」を出すことは困難です。

テレワークになると、息抜き・休憩のハードルは下がると思いますが、アウトプットが出せないことは露見しやすく､かつ「仕事をしている感」が出しづらくなるため、むしろサボりにくくなるでしょう。

※ジェイソン・フリード、デイヴィッド・ハイネマイヤー・ハンソン 著、高橋璃子 訳『リモートワークの達人』(早川書房、2020)pp.81-84.

「テレワークだと生産性が下がる」とは言えない

「コミュニケーションのロス」「サボり」という視点で考えてきましたが、「テレワークだと生産性が下がる」と一概には言えなさそうです。

メンバーズにおいて、2019年のテレワークデイズ（東京都と政府主導の推進イベント）で、業務の生産性を「稼働率」「残業時間」の2つの視点での定量的な検証※を行いました。1,000人を超える社員の大多数をテレワークにした上で、これらの指標を計測したのです。その結果、稼働率は向上し、残業時間は減少しました。

社員アンケート・勤務実態調査結果（1）

テレワーク期間中の残業時間は減少し、稼働率向上。
制度全体の収支はほぼ差し引きゼロに収まりました。

残業時間及び稼働率の推移

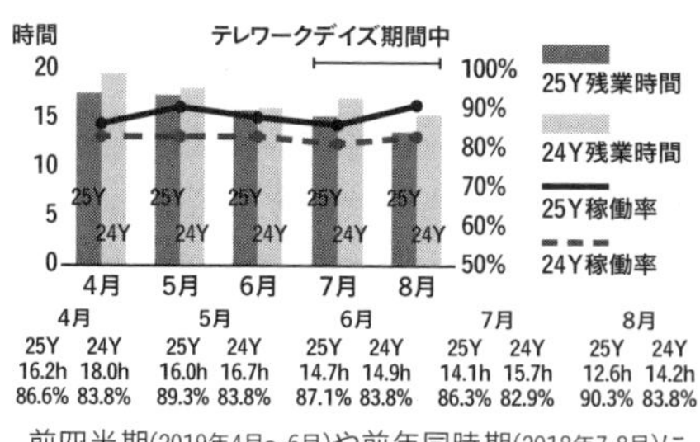

4月		5月		6月		7月		8月	
25Y	24Y	25Y	24Y	25Y	24Y	25Y	24Y	25Y	24Y
16.2h	18.0h	16.0h	16.7h	14.7h	14.9h	14.1h	15.7h	12.6h	14.2h
86.6%	83.8%	89.3%	83.8%	87.1%	83.8%	86.3%	82.9%	90.3%	83.8%

前四半期(2019年4月～6月)や前年同時期(2018年7､8月)に比べ稼働率が上がり、残業時間が減少。
時間や進捗の管理、必要な会議や会話の見直し、残業の削減等により個々人の集中できる時間が増えたことによると考えられる。

テレワーク制度全体の収支状況

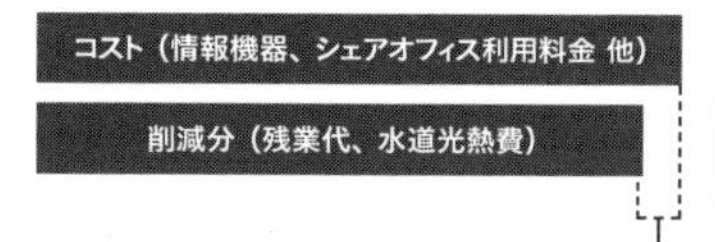

貸与用情報機器、シェアオフィス・レンタルスペースの利用料金等のコストと、テレワークにより削減できた残業代・水道光熱費はほぼ同等となった。
今回は検討を見送った通勤費（定期代）等の削減を考慮すると、さらなるコスト削減の実現が見込まれる。

定性的な成功要因として「職場より集中できる」「通勤などの負荷がなく、体力に余裕がある」「会議などでの移動ロスがない」といった理由が挙げられました。この実験結果を受けて、全面的なテレワークの導入に懐疑的な部分もあったメンバーズの経営陣も、テレワーク導入に大きく舵を切ることを決定しました。

自社だけでなく、外部環境がテレワークを前提とした働き方に変わってくる中においては、むしろ自社だけがテレワークを拒むことにより、中長期的な生産性を下げる懸念すらあります。

※ https://www.members.co.jp/company/news/2020/0303.html

抵抗3：メンタルヘルスの問題が増える

テレワークで人と会う機会が減ったり、外出の機会が減ったりすることで、メンタルヘルス問題や精神的に落ち込む社員が増えるのではという懸念があります。「人と会うことで元気がでる」「外出が好き」という人にとっては、たしかにテレワークによって外出する機会が減ることは、ネガティブな影響につながるかもしれません。テレワークによるメンタルヘルスへの影響は、これから社会的な検証が進んでいく段階です。2020年8月には、厚生労働省が1万人規模のメンタルヘルス全国調査を実施する予定です。これらの結果がどうなるかは注視したいと思いますが、私自身の現時点での見解を整理します。

職場のメンタル不調の最も大きな要因は「人間関係」

テレワークがメンタルの不調を助長するのかを考えるために、まずは現時点での職場を起因としたメンタル不調の要因が何かを考えていきます。メドピア社が2019年7月に産業医500人に対して実施した「従業員のメンタル不調に関するアンケート※」(クレジット：産業保健支援サービス「first call」)では、メンタル不調要因は以下のように挙げられています。

順位	メンタル不調の原因	件数
1	**職場の人間関係**	**404**
2	長時間労働／業務過多	236
3	パワハラ	161
4	仕事の難易度／能力・スキル不足	126
5	目標達成へのプレッシャー	79
6	家庭の問題	69
7	低賃金	29
8	職場の設備環境	26

圧倒的な1位が「職場の人間関係」です。また「職場の人間関係」の内訳としては、「上司との人間関係」が74%、「同僚との人間関係」が22%です。
メンタル不調の最も大きな要因は、人間関係にあるわけです。ではテレワークは人間関係にどのような影響を与えるのかを考えてみましょう。

※ https://medpeer.co.jp/press/6605.html?fbclid=IwAR2pbO0WtfQ-36Yc3wOjKN3041rCtAHwR51E5cl3P2ONmm5NhNLeKzdpg5I

人間関係におけるテレワークのメリット・デメリット

私自身の会社経営・チーム運営の実感を踏まえ、メンタルヘルスへの影響という視点で、人間関係・コミュニケーションにおけるテレワークのメリット・デメリットを考えてみます。

テレワークのメリットの1つ目は、赤裸々な点ですが、「相性が悪い人と距離を取りやすい」ことです。
出社していると、同じ空間を共有しているため、否が応でも同僚・上司と接する機会が増えます。一方テレワークの場合は、物理的に距離が離れているため、意識的に機会をつくらない限り、コミュニケーションを取る必要がありません。業務上必要な範囲でのコミュニケーションは欠かせませんが、それ以上のコミュニケーションを無理に取る必要がなくなります。
理想としては、上司や同僚との関係は良いに越したことはなく、お互いにもっとコミュニケーションしたいと思い合える状況が良いでしょう。また、本書はそのための仕組みや工夫をお伝えするものでもあります。しかし、現実的にはどんな組織・チームでも、相性や好き嫌いはあります。どうしてもコミュニケーションスタイルが合わず、人間的に好意を持てないこともあります。
そのようなケースにおいて、テレワークは「適切な距離感をとるための仕組み」として機能することがあります。

メリットの2つ目は、「コミュニケーションのファクトが残りやすい」点です。
チャットやメールなどの文章ベースのコミュニケーションはそもそもすべてデジタルデータになりますが、電話やオンライン会議なども実施履歴が残り、録音・録画などデータ化することも容易です。
私の会社がまだテレワークに移行する前は、私が外回り営業などでオフィスから離れていると、職場の様子を知ることは容易ではありませんでした。その結果、私が知らないところで、「パワハラ」に近いコミュニケーションが取られており、後から聞いて愕然とした苦い経験もあります。
テレワークになることで、逆にコミュニケーションの透明度が上がり、誰がどのようにコミュニケーションをとっているかが可視化されやすくなりました。コミュニケーションが可視化されることで、意図せず厳しいコミュニケーションになっている場合に、後から注意することもできます。

一方、デメリットとしては、まず「冷たいコミュニケーションになりやすい」点があります。テレワークの主たるコミュニケーションの手段は文章ですが、文章で何かを伝えようとすると、意図せずに「厳しい印象」「怒っている印象」を与えがち。
文章でのコミュニケーションの「癖」を理解しないと、感情の乏しい冷淡なコミュニケーションになりがちで、それにより関係性が悪化する懸念があります。

また「雰囲気を察しづらい」こともデメリットです。オンライン会議でカメラ映像をありにすれば、表情・顔色を通じて雰囲気はある程度わかりますが、会議以外の時間の様子はわかりません。
それにより、仕事・プライベートなどで悩みを抱えていて気分が落ち込んでいる場合にも、適切なフォローを入れづらいケースはあります。

テレワークの利点を活用することで、むしろメンタル不調を改善できる可能性もある

職場におけるメンタル不調の最大の要因が人間関係であり、テレワークは人間関係においてメリット・デメリットの両面があることを挙げてきました。デメリット面が強く出ると出社よりネガティブな結果になることも考えられますが、逆にメリット面を活かすことでポジティブな結果に繋げることもできるでしょう。デメリット面を緩和するための方法が、まさに本書のテーマである「チームコミュニケーションの仕組み・工夫」となりますので、ぜひ良い結果に繋げられるようにご活用ください。

抵抗4：環境が整っていない

テレワーク導入の4つ目の抵抗は、次に示すさまざまな環境が整っていないというものです。

- **業務のデジタル化**
- **IT機器の整備**
- **セキュリティの整備**
- **規定の整備**

これらについては、さまざまな企業が導入経験や実験結果を公表していますし、テレワーク導入をサポートするプレイヤーの増加が予想されるので、時間が解決するものと考えています。本書のメインテーマではないため詳細は割愛しますが、私が所属するメンバーズにおいて、80ページにもおよぶ導入マニュアルを無償公開※しているので、ぜひ1つの参考としてください。

※ https://www.members.co.jp/company/news/2020/0303.html

テレワークでは、これまで以上にコミュニケーション設計が重要に

テレワーク導入の4つの抵抗でも触れてきましたが、テレワークで会社・チームを運営していく上では、コミュニケーション設計をどのように行うかが最も重要です。本節では「成果を出すチーム」をつくる上で、なぜコミュニケーション設計が重要になるかを考えていきます。

成果を出すチームには、良質なコミュニケーションによる信頼関係構築が重要

成果を出すチームに求められる条件とはなんでしょうか。
Google（アルファベット社）のピープルアナリティクスチームは、「効果的なチームを可能とする条件は何か」というテーマで分析※を行いました。その結果、成果を出すチームにとって重要な5つの要素を特定しました。その中でも「圧倒的に重要」とされているものが「心理的安全性」です。
心理的安全性とは、「対人関係においてリスクある行動を取ったときの結果に対する個人の認知の仕方、つまり、『無知、無能、ネガティブ、邪魔だと思われる可能性のある行動をしても、このチームなら大丈夫だ』と信じられるかどうか」です。

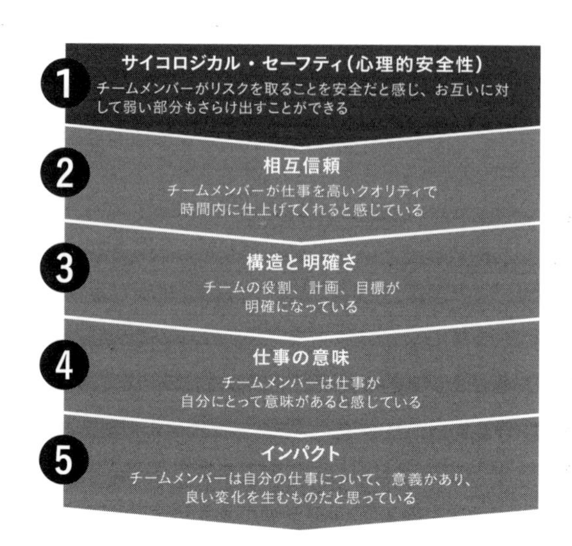

※https://rework.withgoogle.com/jp/guides/understanding-team-effectiveness/steps/identify-dynamics-of-effective-teams/

心理的安全性を高めるために、マネージャー※やチームが何をすべきかという点でも、Googleリサーチチームは見解を提示してくれています。

マネージャーは、次に示すコミュニケーションを行うことが推奨されています。

- **積極的な姿勢を示す**
- **理解していることを示す**
- **対人関係において相手を受け入れる姿勢を示す**
- **意思決定において相手を受け入れる姿勢を示す**
- **強情にならない範囲で自信や信念を持つ**

チームとしては、次に示す取り組みが推奨されています。

- **チームからの意見やアイデアを集める**
- **個人的な仕事の進め方の好みをチームメンバーに伝え、チームメンバーにも自分自身の好みをチーム内に共有するように促す**

またこの調査では、次に示す要素はチームの効果性にそれほど影響しないことも明らかにしています。

- **チームメンバーが働く場所（同じオフィスで近くに座り働くこと）**
- **合意に基づく意思決定**
- **チームメンバーが外交的であること**
- **チームメンバー個人のパフォーマンス**
- **仕事量**
- **チームの規模**
- **先任順位**
- **在職期間**

「チームメンバーの働く場所」は「成果を出すチーム」に影響しない、ということは勇気づけられる調査結果です。
本調査はGoogleというグローバル企業で行われたものであり、業界・業態によっても異なりますが、世界で最も急成長した企業の研究結果であり、重要な視点を提供してくれていることは間違いないでしょう。

簡単にまとめると、成果を出すチームには心理的安全性が必要であり、心理的安全性をつくる上ではマネージャー・チームメンバーがともに良質なコミュニケーションを取ることが重要ということです。

※ https://docs.google.com/document/d/1M2HvwvzFXfnNJkt-r9s4XXQtNl8YeVHfEpolCwzNIPo/export?format=pdf

テレワークだとコミュニケーションはなくなりがち

テレワークでは、コミュニケーション機会は意図的につくる必要があります。オフィスに出社していれば、ちょっとしたコミュニケーションは自然発生的に起きますが、テレワークで物理的に距離が離れていると、油断すると誰ともコミュニケーションを取らずに、ただ自分の仕事を淡々と進めているような状況になりがち。

海外は日本よりもテレワークが圧倒的に進んでいますが、2013年には米ヤフーで在宅勤務が全面禁止※1になり、2017年には米IBMでも数千人に及ぶテレワーク勤務者をオフィス勤務に戻しています※2。その理由として、当時の米ヤフーCEOのマリッサ・メイヤー氏は「コミュニケーションとコラボレーションのために、机を並べて働く必要がある」と述べています。

コロナ以降、さまざまな企業がテレワークの実態調査や課題を出していますが、多くの調査では「コミュニケーションがとりづらい・しづらい」という点が最も重要な課題に挙げられています。

私が2020年2月に行ったテレワークの課題に関するアンケート（ポップインサイト調べ。N=264）でも、やはり「コミュニケーションが取りづらい・課題が生まれやすい」ということが上位になりました。

	全体	1. リモートワーク（テレワーク）はしたことがない	2. リモートワーク経験あり
1. コミュニケーションが取りづらい	76(29%)	58(29%)	18(29%)
2. コミュニケーションの課題が起きづらい（誤解など）	80(30%)	60(30%)	20(32%)
3. 働く場所が確保しづらい	16(6%)	14(7%)	2(3%)
4. 印刷できない	26(10%)	17(8%)	9(14%)
5. ネットワーク環境が悪い	32(12%)	26(13%)	6(10%)
6. セキュリティ的な不安がある	55(21%)	47(23%)	8(13%)
7. 自己管理がしづらい・やる気がでない	85(32%)	70(35%)	15(24%)
8. 運動不足になりやすい	42(16%)	26(13%)	16(25%)
9. 家族の理解が得づらい	18(7%)	10(5%)	8(13%)
特に課題はない・問題ない	38(14%)	29(14%)	9(14%)
	264	201	63

%は、各セグメント（全体、1. リモートワークはしたことがない、2. リモートワーク経験あり）における割合

※1 https://www.nikkei.com/article/DGXNMSFK04008_U3A300C1000000/
※2 https://forbesjapan.com/articles/detail/18195

エン・ジャパン株式会社が2020年6月に1万人以上を対象に行った「テレワークにおける社員コミュニケーション実態調査※」においても、約7割が「テレワークによりコミュニケーションが変化」したと回答し、その中の6割が「コミュニケーション総量が減った」という回答をしています。

私自身の手痛い経験もあります。ポップインサイトは、2016年にテレワークへ全面的に移行しました。移行前に入社したメンバーは当然ながらテレワーク前提ではなく、出社前提で入社しました。テレワーク移行当時は、コミュニケーションの仕組みの大切さをほとんど理解できておらず、テレワークに移行してからしばらくは、週に1回の全体朝会はするが、それ以外はほとんどが業務連絡だけという状況が続きました。その結果、当時まだ6人しかいなかった社員のうち、5人が退職しました。コミュニケーションの仕組みだけが退職要因ではなかったと思いますが、大きな一因であったことは間違いありません。

コミュニケーションを補う仕組み・工夫が重要

テレワークでも成果を出すチームになるためには、心理的安全性が必要であり、そのためには良質なコミュニケーションが必要ですが、それは自然発生的には起こりづらいものです。テレワークでも良質なコミュニケーションを維持するためには、マネージャー・チームメンバーそれぞれがコミュニケーションの重要性を意識し、チームの仕組みとしてのコミュニケーション機会をつくる必要があります。

このことを強く意識し、本書でこれから紹介していくさまざまなコミュニケーションの仕組みを実践した結果、ポップインサイトは数名の企業から、50名を超える規模に成長することができました。それだけに留まらず、離職率も年に数名程度という低い水準を実現することもできました。本書が1つの参考となり、テレワークでも良好な人間関係を築き、仕事へのモチベーションを上げて、イキイキと仕事ができる環境が増えることを願っています。

※ https://corp.en-japan.com/newsrelease/2020/23400.html

リモートコミュニケーションは「ローコンテクスト」が大事

テレワークにおけるコミュニケーション不足を補う具体的な方法は本書の第2章以降で具体的に紹介していきますが、すべての取り組みに通じる最も重要な考え方をお伝えします。それは、リモートコミュニケーションは「ローコンテクスト前提で行うべき」ということです。

日本人は生まれながらにハイコンテクスト

ローコンテクストは低文脈を表し、ハイコンテクストは高文脈を意味します。この2つの言葉は、もともと文化人類学者のエドワード・T・ホールが提唱した概念で、世界中の言語コミュニケーションをハイコンテクストとローコンテクストの2つに分類したものです。

ハイコンテクストとは、一言で言えば「察するコミュニケーション」です。あえて言葉にせずとも言外の考えを理解してくれるというコミュニケーションスタイルです。最も代表的なハイコンテクスト言語として、日本語が挙げられています。KY＝空気が読めないなどの言葉があるのも、そもそも「空気は読むもの」という前提認識があるからです。私たち日本人は、ハイコンテクストなコミュニケーションが当たり前になっています。

一方ローコンテクストとは、一言でいえば「説明しあうコミュニケーション」です。しっかり言葉にしなければ相手に伝わらず、言語化された内容のみが相手に伝わるというものです。その最たる例としてドイツ語が挙げられており、英語などもローコンテクストな言語の1つです。

ウィキペディアに掲載されている比較表が非常にわかりやすいのでご紹介します。

高文脈文化と低文脈文化の比較の例

高文脈（ハイコンテクスト）文化	No.	低文脈（ローコンテクスト）文化
言葉以外に状況や文脈も情報を伝達する 重要な情報でも言葉に表現されないことがある	1	伝達される情報は言葉の中ですべて提示される
曖昧な言語（非言語コミュニケーションの役割も大きい）	2	正確性が必要とされる言語
一般的な共通認識に基づく	3	言葉に基づく
双方の合意に基づいた契約でも 状況によって柔軟に変更される	4	双方の合意に基づき契約され 変更は容易ではない
感情的に意思決定される	5	論理的に意思決定される
沈黙は不快ではない	6	沈黙はコミュニケーションの途絶として不快

※「高・低文脈化」（2020 年 10 月 16 日（金）11：00 UTC の版）『ウィキペディア日本語版』

リモートでは、ハイコンテクストが機能しづらい

私たちは生まれながらにハイコンテクストなコミュニケーションをとってきましたが、テレワークになるとこの考え方を変える必要があります。同じ職場に集まっていれば、お互いの雰囲気も何となくわかり、あえて言葉にせずとも様子を察することができます。この環境なら、これまで通りハイコンテクストなコミュニケーションが通用したでしょう。
ところがテレワークでは、働く場所が異なり、各々の状況も全くわかりません。言葉にせずに様子を察して欲しいと言われても不可能です。

ハイコンテクスト前提でテレワークを行っていると、以下のような課題に直面します。

- **誰が何をやっているかわからない**
- **上司・同僚がいま何を考えているのかわからない**
- **連絡したけど、伝わっているのかどうかわからない**
- **不満・不安を持っているのか持っていないのかわからない**
- **言いたいことがあっても伝えづらい**

最近、さまざまな記事でテレワークによるコミュニケーションの難しさが取り上げられていますが、その根底にあるのは「ハイコンテクストからローコンテクストへの切り替え」が難しいからだと考えています。

ローコンテクストを身につけるには、「発信」と「反応」から

テレワークでは、これまで私たちが苦手としてきた「あえて言葉にする」「しっかり伝える」というコミュニケーションスタイルが必要です。
このようなコミュニケーションスタイルは、「向き、不向き」があるのでしょうか。ハイコンテクストが得意な人は、テレワークに適したコミュニケーションは難しいのでしょうか。私は違うと思います。日本人であっても、英語やドイツ語を流暢に扱うことができるように、ローコンテクストなコミュニケーションは「スキル・テクニック」で成り立つと考えています。
もちろん、これまでのコミュニケーションスタイルを変える必要があるため、最初からうまくできる人ばかりではありません。しかし、テレワークが当たり前になり、さらにグローバル化が進み、職場がますます多様化する中、ローコンテクストなコミュニケーションスキルは、英語やプログラミングと同様、いやそれ以上に重要です。
ぜひ本書の取り組みをチームとして導入しつつ、個人としてもローコンテクストなコミュニケーションスキルを高めてください。

ローコンテクストなコミュニケーションにおいて、最も重要なものは「発信」と「反応」です。
これまでは、わざわざは発信しなくても、誰かが察してくれるという考え方がある程度は通用しました。テレワークではこの考え方は通用しません。「発信しなければ伝わらなくて当たり前」という考え方に変え、伝えたいことがあれば自身で発信しましょう。
また、発信に対してしっかり反応しないと、伝わっていること・理解していること・または反対意見があることなどが何も伝わりません。「既読スルー」のような状態があると、ローコンテクストなコミュニケーションは成立しません。必ず発信に対して反応するように心がけましょう。
「発信」と「反応」の2つを意識するだけで、ローコンテクストなコミュニケーション能力は格段に向上します。

2 リモートコミュニケーションでのトラブルパターン

テレワークで成果を出すためには、チーム内で円滑にコミュニケーションできる必要があります。しかし多くの企業経営者・マネージャーには、リモートでのコミュニケーションに関する経験がないことで、「うまくできる自信がない」という不安があったり、「コロナの影響でテレワークを試みたが、うまく導入できなかった」という苦い経験があったりするでしょう。

一言で「コミュニケーション不足」といっても、どのような目的のコミュニケーションが不足していたのかによっても、原因や対応策は異なります。この章では、テレワークにおけるコミュニケーション課題を4つのパターンに整理しました。またパターンごとに「課題」「要因」「対策（仕組み）」をまとめています。各対策は、第4章以降の仕組みづくりにも紐付いています。

パターン1. チームの一体感を出しづらい

経営者やチームリーダーにとって、テレワークを全面導入しづらい理由の1つは「チームの一体感が損なわれる」という不安です。

先日、あるベンチャー企業の社長と議論している際に「コロナ収束後にリモートワークをどれぐらい導入するかを非常に迷っている」という話題が出ました。
どこに不安があるかを質問すると「うちはチームの一体感を大事にしている。集まって一緒に仕事をする状況が減ることで、チームの一体感が損なわれるのではないか」という話がありました。
この議論は、ほかのベンチャー社長・経営者と話をしている時にもよく出てきます。

ここではテレワークに起因してチームの一体感を阻害する要因とその対策を考えていきます。

課題1：雑談がしづらい

オフィス内でのコミュニケーションとテレワークでのコミュニケーションで、最も大きく差がでるのが「雑談のしやすさ」です。オフィスであれば、出勤途中や、廊下でのすれ違いざまや、コーヒーを飲んでいるとき、ふと目があったとき、喫煙休憩中など、さまざまなシーンで雑談をする機会があります。
一方、テレワークにおいてはこのようなシーンはありません。

日本で全面的にテレワークを導入しているソニックガーデンの倉貫さんも「リモートワークで課題となったのは、チーム内での雑談がなくなったこと」※と言及しています。

雑談の重要性

そもそもなぜ雑談が重要なのでしょうか。4つの視点で考えてみます。

雑談がないと、相談がしづらくなります。

※ https://www.sonicgarden.jp/news/11

ソニックガーデン倉貫さんの著書『ホウレンソウに代わる 雑談＋相談 ザッソウ 結果を出すチームの習慣』では、雑談は「雑な相談」であり、ちょっとしたことでも相談しやすい空気をつくるためには雑談が重要であることを説いています。
「相談と雑談のあいだに明確な境界線を引くことは難しい」
「雑談できる関係性があるからこそ、いつでも相談できるようになる」※1
倉貫さんは、雑談と相談を混ぜた「ザッソウ」というコンセプトを提唱されています。

雑談は、新しいアイデアを出すためにも重要です。
先日、メンバーズの社内研修で、東証一部上場企業の創業者の方に講演いただきました。講演でその方は「会社では雑談だけをしている」「雑談の中からアイデアを生むのが仕事」と言及していました。
私自身も、雑談の中で新しいアイデアが浮かび、新たな打ち手や取り組みが生まれてくる経験は幾度となくあります。

上記の結果として、雑談はチームの業績にも寄与します。
MIT工科大学のアレックス・アンディ・ペントランド教授の研究によれば、チームの業績は「正式な会議ではない場におけるチームの熱量の総量や、メンバー同士の関与が、生産性を予測するうえで、最適な指標になる」「生産性（金銭換算ベース）の三分の一が、チームの熱量と関与に関係する」そうです※2。
平たく言うと「雑談が盛り上がっているチームは業績が良い」ということです。
この研究結果をもとに、あるコールセンターでは「休憩時間のスケジュールを見直して、チーム全員が同じ時間帯に休憩を取る」という施策を試したところ、チームの処理時間が20％以上短縮するなどの劇的な改善が見られました。
さらに、雑談があることは、「社員のメンタルヘルス」という視点でも重要です。
産業医の夏目誠さんは著書の中で、職場でのメンタルヘルス増加の一因として、雑談をする余裕がなくなっていることを挙げています※3。
雑談は、息抜きの方法でもあり、また悩みや辛いことを相談する方法でもあります。

要因と対策1：雑談する機会がない→機会をつくる

テレワークで雑談が難しいのは、「雑談の機会」が自然発生的には生まれにくいためです。報告や共有だけの会議や、人数が多い会議で雑談することは困難です。

※1 倉貫 義人『ザッソウ 結果を出すチームの習慣 ホウレンソウに代わる「雑談＋相談」』（日本能率協会マネジメントセンター、2019）pp.9-10.　※2 ハーバード・ビジネス・レビュー編集部 編、DIAMOND ハーバード・ビジネス・レビュー編集部 訳『ハーバード・ビジネス・レビュー チームワーク論文ベスト 10 チームワークの教科書』（ダイヤモンド社、2019）pp.4.　※3 夏目 誠『中高年に効く！メンタル防衛術』（文藝春秋、2018）pp.66.

そこでまず推奨したいのは「オンライン朝会」を毎日行い、その中で雑談の機会をつくることです。
朝会の時間が短すぎると雑談ができないので、少し長めに時間をとりましょう。また雑談が生まれやすい仕掛けも用意しましょう。
→詳細はP.137

また「相互1on1」を行い、メンバー同士が一対一で話す場をつくることが有効です。1on1というと「上司と部下」で行うことが一般的ですが、テレワークでは「同僚同士」での1on1も設定することをお勧めします。
→詳細はP.99

要因と対策2：雑談する余裕がない→会議時間の削除＆圧縮

テレワークだと通勤時間がない分、オフィス勤務よりも時間がありそうです。しかし実際には、精力的な人ほど、オンライン会議などで予定が隙間なく埋まってしまいます。私自身も、毎日10〜15回の会議をこなし、朝から晩まで会議しているような時期がありました。
時間に余裕がないと、雑談をする余裕がありません。

時間をつくるためには、まず不必要な会議を削除＆圧縮しましょう。そのために、「事前アジェンダ」を徹底しましょう。
アジェンダを事前に決めれば、そもそも会議をせずにチャットやメールで解決できることも多くなり、会議自体もスムーズに進行できます。
→詳細はP.186

会議時間は「30分」を基準にしておくこともオススメです。
論点整理や事前準備を行っておけば、1時間も時間を取る必要があることは少ないでしょう。
→詳細はP.205

要因と対策3：雑談のネタがない→自己トリセツや自分チャンネル

雑談をするには、雑談のネタが必要です。見ず知らずの人といきなり雑談するのは対面であっても抵抗感があります。テレワークでは、さらに難しくなります。

チーム内で「自己トリセツ（取扱説明書）」をつくり、共通点がお互いにわかる状況をつくると雑談しやすくなります。
業務ではうかがい知れないプライベートな側面をチーム内で共有しておくことは、業務でのスムーズなコミュニケーションにつながります。
→詳細はP.86

また雑談を生むには、コミュニケーションツール上に「自分チャンネル」をつくり、自分の思ったこと・感じたことをTwitterのように発信しておくことも非常に有効です。
雑談は「そういえば、昨日こんなことがありました」「そういえば、あの時こんなこと言ってました」など、何かから連想・関連する形で始まることが多いでしょう。
自分チャンネルで雑談の種をまけばまくほど、雑談しやすくなります。
→詳細はP.143

課題2：ミッションやビジョンなど熱い話をしづらい（盛り上げづらい）

チームの一体感を出すためには、会社やチームが目指している方向性（ミッション・ビジョン）について話し合ったり、大事にしている価値観を浸透させたりする必要があります。

同じ空間で仕事をしていれば、物理的にポスターなどで示したり、業務が終わった後の飲みニケーションで話したり、「背中で見せる」「雰囲気で察してもらう」ような伝え方もできます。
しかしテレワークでは、このような方法は使えません。テレワークにおいて、どのようにこの課題に対応すればよいでしょうか。

要因と対策1：しっかり議論する場がない→非日常の場をつくる

テレワークでも対面でも、業務時間内のコミュニケーションは「要件を手短に話す」ものになりがち。目先の仕事の話をする場で「将来どうなりたいか」「この会社をどうしていきたいか」といった話ができる機会はほとんどないでしょう。
対面であれば、飲みニケーションや業務後の雑談などもありますが、テレワークでは発生しません。「熱い話」をするためには、「そのための場」を意図的につくる必要があります。

このような場としてオススメなのが「オンライン合宿」です。
日常業務を離れて議論する時間をつくることで、ミッション・ビジョンといった普段は話しづらいテーマも議論しやすくなります。
→詳細はP.92

会社やチームの価値観を浸透させるには「行動指針」を定めることも重要です。
会社やチームの「共通の考え方」をつくり、言語化することで、テレワーク環境であっても同じ方向性に向かって仕事をしやすくなります。
→詳細はP.103

また、マネージャーは「オンラインイベント技法」を身に着けておきましょう。
リモートでの議論であっても、一人ひとりの参画意識を高めたり、議論のしやすさを担保したりすることで、より議論時間を有効に活用できます。
→詳細はP.209

要因と対策2：日常的に伝える場がない→日常的に伝える場をつくる
オンライン合宿のように非日常的な場をつくることは重要ですが、もしこのような場だけでしかミッション・ビジョン・行動指針を意識する機会がないとすると、絵に描いた餅になってしまいます。
ミッション・ビジョン・行動指針を浸透させていくためには、日常的にこれらを伝える・考える機会をつくることも重要です。

このような機会として「オンライン朝会」は有効です。
できるだけ毎日オンライン朝会を行い、その中でミッション・ビジョン・行動指針にふれる機会をつくることで、より浸透しやすくなります。
→詳細はP.137

マネージャーとメンバーでの「毎週1on1」の機会も大事。
1on1の時間には、単に業務の相談だけでなく、メンバー個人の将来の希望や考え方を話したり、会社やチームの目指すべき方向性をすり合わせたりしましょう。
→詳細はP.232

また「ヒーロー称賛」という考え方も有効です。

定期的にメンバーの「ミッション・ビジョン・行動指針を体現する行動・成果」を取り上げ、周知することで、意識を高めていくことができます。
→詳細はP.243

要因と対策3：メンバーの人生観・価値観を知らない→知る機会をつくる

チームの一体感を出す上では、各メンバーが何を大事にしており、どのような将来像を思い描いているかを知ることも重要です。
ミッションやビジョンは会社単位・チーム単位で定めるものですが、それらがメンバー個人にとってどういう意味を持つものかを正しく伝えるためには、それぞれの人生観・価値観を知り、そこに合わせた意味づけが必要です。

メンバーの理解度を高めるには、まず「自己トリセツ（取扱説明書）」をつくることがオススメです。
各自の家族構成、バックグラウンド、趣味、好き嫌い、人生の方向性などを伝えることで、相互理解を深めることができます。
→詳細はP.86

チームの立ち上げ直後や新人加入時にも「オンライン合宿」を行いましょう。
相互理解を深めるためには、日常業務を離れ、しっかりと話す機会を持つことが重要です。
→詳細はP.92

課題3. アイデアを共有しづらい・発展させづらい

チームで仕事をする時には、議論を通じて新たなアイデアを思いつき、それを共有し、ブラッシュアップさせていくことが仕事の面白さであり、醍醐味です。テレワークだと、このような創発的な取り組みを行いづらいという不安があります。
先に述べた通り、米ヤフーや米IBMは、まさにこの懸念のために在宅勤務を全面禁止するという荒療治に出ています。

この課題を解決・緩和するために有効な取り組みを考えていきましょう。

要因と対策1：思いつきを共有しづらい→自分チャンネルで独り言
新しいアイデアはさまざまなタイミングで思い付きます。通勤中や、トイレの中、お風呂の中、ベッドの上。このときに思い付いたアイデアをできるだけすぐにメンバーに共有し、ああでもないこうでもないと言い合うのはとても楽しい時間です。
しかしテレワークで物理的に離れている相手に対して、思いつきレベルのアイデアをわざわざ伝えるのはハードルが高い。そのため、テレワークでは、このような盛り上がりを再現できないと感じる人も多いでしょう。

いつでもなんでもつぶやける場として「自分チャンネル」を設けておくと、このような思いつきを手軽に共有しやすくなります。
いつでも自分のペースで発信でき、また特定の誰かに送るわけではないので、アイデア共有のハードルが下がります。
→詳細はP.143

要因と対策2：議論を深めづらい→オンラインイベントの技法を習得
議論を深めるには、会議参加者がお互いに考えを出し合い、双方向に会話ができる必要があります。その工夫として、ホワイトボードを使ったり、付箋でアイデアを貼りあったり、また少人数に分かれて議論をすることがあるでしょう。
テレワーク環境では、オンライン会議に多人数で参加していても同時に1人しか発言できず、ホワイトボードもなく、みんなで付箋を貼りあうこともできません。

しかしここ数年で、オンラインでブレストのような場をつくるためのツールやノウハウが急激に進化しています。

ワークショップを15年以上行っているPLAYWORKSのタキザワさんやWAKUTOKIの相内さんなどのワークショップデザイナーの方々も、リアルとオンラインの特性を理解しながら、オンラインの良さを生かした取り組みを行っていこうと提言しています。

「オンラインイベントの技法」を知っておくことで、オンラインであっても創発性を高める議論を行いやすくなります。
→詳細はP.209

要因と対策3：新しい取り組みを進めづらい→文章リテラシー・事前アジェンダで進める

新しいアイデアが共有でき、議論によってアイデアを進化させることができたとしても、それを実行するためには上長や他チームに協力を仰ぐ必要があります。
テレワークだと、関係者とコミュニケーションをとりづらいため、新たな物事を進めづらいと感じる人も多いでしょう。

テレワーク環境で多くのステークホルダーと合意を形成するためには「文章リテラシー」が欠かせません。
文章で要点をしっかり整理し､伝える方法は必須スキルになるので､意識的にトレーニングしましょう。
→詳細はP.110

またオンライン会議の際には第6章の「リモートでの会議進行」の内容はすべて重要ですが、その中でも「事前アジェンダ」は必ず用意しましょう。
多忙な上司や別チームのメンバーを巻き込む必要があるため、短時間で伝えたいことを正しく伝える必要があります。
→詳細はP.186

パターン2. 連絡・相談しづらい

テレワークで多くの経営者やマネージャーが感じる課題パターンの2つ目は「オフィスに比べて連絡や相談がしづらい」という点です。
チーム全員が近くにいれば、ちょっとした話や共有は口頭で行うことができます。また、ホワイトボードを使うこともできます。一方テレワークでは、これらをすべてオンライン上で行う必要があります。つまり、チャットやメールなど、口頭よりも表現のハードルが高い方法を選択する必要があります。
上記から、「テレワークは連絡・相談がしづらく、生産性が下がる」という印象を持つ方もいるようです。具体的にどのような課題があり、どのような対応が考えられるのかを整理していきます。

課題1：文章では伝えづらい

オフィスワークからテレワークに変わると、メインのコミュニケーション方法を「口頭」から「文章」に切り替える必要があります。しかしほとんどの人は、文章でのコミュニケーションに慣れていません。

要因と対策1：文章コミュニケーションリテラシーが低い→実践で鍛える

テレワーク時代を生きる我々ビジネスマンにとって、文章能力は極めて重要です。文字ベースでのコミュニケーションリテラシーを高めることは、IT・英語・財務などと並ぶ重要なスキルセットといえます。

「文章リテラシー」を高めるためには、英語と同様、習うより慣れろです。
伝達事項は口頭コミュニケーションに頼らず、できるだけ文章化しましょう。
→詳細はP.110

また多くのテレワーク導入企業においては、メールでなくチャットが文章コミュニケーションの場になります。
そのため文章リテラシーに加えて「チャットリテラシー」も同時に身につけましょう。
→詳細はP.117

要因と対策2：文章では表現しづらい→画像・動画も活用

文章コミュニケーションは重要ですが、当然ながら文字だけでも容易に表現できることと、文字では表現しづらいことがあります。映像を見れば即座に伝わる内容でも、言葉で伝えることは困難になります。言葉の捉え方は人それぞれなので、異なる理解をされる懸念もあります。

そのときは、必ずしも「文章」にこだわらず、画面キャプチャやスクリーン録画も活用しましょう。百文（百聞）は一見に如かず。
→画面キャプチャの詳細はP.167
→スクリーン録画の詳細はP.175

課題2：メールやチャットで連絡が遅れがち

オフィスであれば、働いている様子が目で見えるので、誰がどんなことをしているかはなんとなく把握できます。ちょっとした相談や報告は、即座に口頭でできます。ところがテレワークになると、メインの連絡方法はメールかチャットとなります。

ここでよくある課題は「メールやチャットを送っても、なかなかレスが返ってこない」ということです。
私は社外でもさまざまなプロジェクトに関わっているのですが、時間的にも実際に会うことは難しく、Slackなどでのオンラインコミュニケーションが主になります。オンラインに不慣れなメンバーがチームにいると、連絡してもなかなか返信が返ってこず、動きが止まってしまうことがよくあります。

このような状態では、オフィス出社状態と比べてチームワークが落ちる、と感じてしまっても仕方ありません。何が要因で、どのように対策していくのかを考えていきましょう。

要因と対策1：期待値が揃っていない→共通認識をつくる

オフィス出社が当たり前だと「急ぎの用事は口頭や電話で」「メールやチャットは開いてる時間に返せばよい」という感覚の人も多いでしょう。また「チャットを見たら返事をする（返事をしないと見ているかどうかもわからない）」という意識がないケースもあります。

このようなケースでは、まずチーム全体・会社全体の「行動指針」で、コミュニケーションルールをつくり、期待値を合わせることが重要です。
お互いのスピード感に関する期待値がずれていると、お互いに不要なフラストレーションを抱えてしまいます。チームにより「即レスをしていこう」なのか「レスは遅くてもOK」なのかは異なると思いますが、その前提をあわせることが最も重要です。
→詳細はP.103

要因と対策2：状況が不透明→スケジュールを可視化する

相手の状況がわからないと「連絡が遅れてしまっても仕方ない状態」なのか「連絡すべき状況なのにしていないのか」がわからず、不必要なストレスが生まれます。
「上司の視点で、部下の状況がわからない」という課題だけでなく、「部下の視点で、上司の状況がわからない」「同僚の視点で、ほかの同僚の状況がわからない」というケースも多くあります。

まずはお互いの予定を可視化し、共有しておくことが解決の第一歩です。
「カレンダーでの業務状況の可視化」により、自分自身の予定も明確になりますし、チームメンバー相互での状況共有も可能となります。
→詳細はP.150

「分報・日報」などで状況を発信することも大事。テレワークでは、意識的に発信しないとお互いの状況がわからないことを理解し、自分の状況を発信しましょう。
→詳細はP.161

要因と対策3：PCを見るタイミングがない→スマホ化する

外回りや会食で移動が多いときなど、パソコンを開く余裕がないことはよくあります。また在宅勤務でパソコン自体は開いていても、資料作成や自分の作業に集中しているため、チャットやメールを見る余裕がない時もあります。
スマホでメールやチャットを確認できるようにしておくと、反応速度が格段に上がります。社員全員に社用スマホを用意できない場合、BYOD（Bring Your Own Device）による個人スマホの利用体制をつくることもありえます。
私自身の体験としても、社外に移動しているときはもちろんのこと、在宅で仕事をしているときであっても、スマホで返信することは多いです。スマホなら、パソコンの前に張り付いていなくても、息抜きのタイミングでチェックできるため便利。

課題3：情報共有が遅い

オフィスにいれば、チームメンバーの席は近くに固まっていることが多いため、全員が揃っているタイミングで議論することもできます。一方、テレワークでは、チームメンバーがどんな状況にあるのかが把握しづらくなります。そのため、全員が揃うタイミングが少なく、情報共有がしづらい場合があります。
また経営者やマネージャーとしては、情報共有した後の相手の反応が見えづらくなります。
この状況への対策を考えていきます。

要因と対策1：情報共有の場がない→定例会をつくる

情報共有の場をつくろうにも、全員の予定調整は困難です。

最もシンプルな打ち手は「朝会」など、毎日の定例の場を設定することです。
設定頻度は情報共有頻度によって変えてよいでしょうが、雑談や質問の場も兼ねることを考えるとできるだけ毎日行うことが望ましいでしょう。
→詳細はP.137

要因と対策2：業務中の情報共有の場がない→自分チャンネルで分報

朝会などの定例会議の場だけでは、確認頻度が低い場合があります。

各自の状況を細かく共有しやすい「自分チャンネル」をつくっておくことも有効です。
「Twitter」のように気軽に状況をつぶやく習慣をつけると、自身の状況整理にもなりますし、周りにも現在の状況を伝えやすくなります。
→詳細はP.143

課題4：細かなニュアンスを伝えづらい

文章ベースのコミュニケーションだと、どうしても細かなニュアンスが伝えづらくなります。口頭であれば、表情・ジェスチャー・声量・声色など、ニュアンスを伝える方法が多数ありますが、文章でこれらを表現することはなかなか容易ではありません。

この課題に対する実践的な対応策を考えていきましょう。「課題1：文章では伝えづらい」とも重複しますので、こちらも併せてご確認ください。

要因と対策1：適切な語彙・表現がない→絵文字・スタンプを活用

「ちょっと嬉しい」「すごく面白い」「照れてる」などの感情を表現したくても、文章の流れに沿ってうまく言い表せない場合はよくあります。また、わざわざ文章を使う必要はないが、ちょっとしたレスポンスを行いたいこともあります。

このようなときは絵文字・スタンプが大活躍。
これらを使いこなせると文章コミュニケーションが俄然楽しくなるので、慣れていきましょう。
→詳細はP.129

要因と対策2：文章だと厳しくなりがち→電話やオンライン会議を使う

細かなニュアンスが重要になるケースとは、叱る・説得するなど、感情が伴うケースが多いでしょう。このような場合、絵文字・スタンプは「ふざけた」雰囲気になりがちで適しません。一方で、句読点だけで終わると、厳しい印象を与えてしまいます。

そんなときは、無理に文章で表すのではなく、即座に電話やオンライン会議を行いましょう。特にネガティブな指摘は文章に残さないのが鉄則です。
私もテレワーク初期には、チャットやメールでメンバーに厳しい指摘をしていましたが、ある時にメンバーから「チャットで厳しい指摘をされるとものすごくきつい気分になるし、見返すのが辛い」という指摘されてしまい、それ以降はできるだけ電話・オンライン会議などで伝えることにしました。

パターン3. オンライン会議を進行しづらい

テレワークでの課題パターンの3つ目は「オンライン会議」に関するものです。オンライン会議を行うことは当たり前になりつつあり、ZoomやMicrosoft Teamsなどのツールは日々進化していますが、これまでの会議室に集まるやり方と比べ、会議進行が難しいという話があります。

オンライン会議の機能的な3つの制約

オンライン会議が難しい理由と、その対策を考える上で、まずは機能的な制約を整理しておきましょう。

制約1. 同時に1人しか話せない

対面会議であれば、プレゼンターが話しているときに、横にいる人同士でちょっとした相談ができます。また、相づちや質問なども周りの雰囲気を見ながら行うことができます。
ところがオンライン会議では、音声ラインが1つしかないため、同時に1人しか話せません。あるタイミングで喋ることができるのは1人だけです。複数の人が同時に喋ると音声が混線してしまい、会話が成立しません。若干のタイムラグがあることもあり「話がかぶる」ことも多い。

制約2. 相手の様子がわかりづらい

対面会議であれば、表情は当然のこと、その人の仕草や雰囲気を見ることができます。理解していない様子や、退屈そうにしている状況もよくわかります。
オンライン会議だと、見える範囲がWebカメラの情報だけです。表情から読み取れる情報はあるものの、それ以外の雰囲気はわかりません。また資料を共有していると、カメラ映像すら見られないことがあります。通信環境によっては、映像が使えないことも珍しくなく、相手の情報は音声のみになってしまうこともあります。

制約3. 画面の中しか使えない(デジタルデータしか使えない)

対面会議であれば、資料を広げたり、ホワイトボードを使ったり、話すこと以外にもさまざまな伝え方があります。スペースも広く使うことができます。実際の製品の持参や、資料の配布もできます。
オンライン会議だと、自分の画面を共有することしかできません。画面範囲も限られており、多くの情報を同時に出すことは困難です。スマホからオンライン会議に参加することもあり、その場合にはなおさら制限があります。当然のことですが、デジタルデータしか表示できません。

良好な通信環境はもはやビジネスマナー

オンライン会議でよくあるトラブルは、通信環境に起因する遅延や接続切れです。せっかく大事な話をしているのに途中で会話が途切れたり、遅延して話が一部聞き取れなかったりすると、途端に会話への集中力が途切れてしまいます。
オンライン会議の延長線上で「オンラインセミナー」を開催する企業が増えてきましたが、登壇者によっては通信環境が悪く、話が聞き取りづらいと、それだけでクレームや満足度の大きな低下要因になります。

テレワークで良好なコミュニケーションを交わすためには、一定レベル以上の通信環境の整備はもはやビジネスマナーです。対面会議において、服装や髪型などの身だしなみを整えることと同様に、オンライン会議においては通信環境を少しでも整えることを全員が強く意識する必要があります。
例えば、私はノートパソコンを使っていますが、インターネットには無線ではなく有線で接続しています。回線速度を検証した結果、有線の方が無線に比べて5倍程度のパフォーマンスが出ていたため、多少不便ですが有線に変えました。

回線環境については、光通信への切り替えやルーターの買い替えなどに対し、会社からも積極的な補助を期待したいところです。会社の制度がない場合でも、個々人が自分のできる範囲で取り組みましょう。
テレワークにおける仕事やコミュニケーションを改善する上で、通信環境の整備はコストパフォーマンスの高い投資の1つです。「良いスーツを買う」よりも、まず「良い通信環境にする」ことです。

課題1：双方向の議論がしづらい

オンライン会議のよくある課題の1つは「議論がしづらい」ということです。機能的な制約でも触れたように、同時に発話できるのが1人だけであり、通信ラグでの「かぶり」などもあるせいで、対面と比べて話がしづらいと感じている人は多い。
これに対応する要因と対応策を考えていきます。

要因と対策1：論点が明確でない→事前アジェンダ

オンライン会議は、対面と比べてコミュニケーション制約があるので、オフラインより事前の準備が必要です。事前準備を行うには、会議の目的・論点を明確にしておく必要があります。

そこでオンライン会議前には「事前アジェンダ」を徹底しましょう。
会議の目的・論点が明確で、事前に知っておくべき情報や資料を用意することで、会議を格段にスムーズに進められます。
→詳細はP.186

要因と対策2：人数が多すぎる→少人数に分ける、チャット活用

オンライン会議では同時に話ができる人は1人だけです。そのため、人数が多いと議論がしづらくなるのは当然です。会議の目的や論点にあわせて、妥当な参加者、参加人数を考える必要があります。

必要な人数が多く、かつ議論や会話も行いたい場合には、「オンラインイベントの技法」を活用しましょう。
議論のときだけ少人数に分ける、チャット、共同作業ツールを使うことで、オンライン会議の制約の中でも効果的な議論が行えます。
→詳細はP.209

課題2：参加者の状況がわかりづらい

オンライン会議では「参加者の状況がわかりづらい」という課題もよく耳にします。見える範囲が限られているため、これも機能的に仕方ない面があります。しかし、要因を明確にすることで、対応できることもあります。

要因と対策1：誰が参加しているかわからない→冒頭の挨拶、自分アピール

参加者の状況がわからない要因の1つは、そもそも誰が参加しているのかわからないことです。

ここでも「オンラインイベントの技法」が役に立ちます。
冒頭のアイスブレークで自己紹介をしたり、背景画像を名刺にしたりすることでアピールするなど、さまざまな工夫の余地があります。
→詳細はP.209

要因と対策2：表情が読めない→映像オンにし、表情を活用

オンライン会議で様子を知るために重要な情報は「表情」です。発言しなくても、表情だけで「理解している」「興味を持って聞いている」といったことが伝えられます。

そのため、会議ではできるだけ映像をオンにし、「表情を意識」しましょう。
物理的な距離感を少しでも埋めるために、普段以上にカメラ映りを意識し、反応を伝えられるように参加者全員が気を配りましょう。
→詳細はP.200

課題3：内容が理解しづらい

対面会議と比べて、オンライン会議では「話の内容が分かりづらい」と感じられてしまう場合もあります。

要因と対策1：そもそも音が聞き取りづらい→ミュート徹底、環境・ツールでの雑音対策

オンライン会議は対面会議以上に「声」による情報ウェイトが大きくなります。そのため、音声の聞き取りやすさはとても重要です。

「音声状況」に注意することで、オンライン会議のストレスを大きく軽減できます。環境を整えるのは当然のこと、ミュート機能やノイズキャンセリングツールの活用など、さまざまな工夫があります。
→詳細はP.194

要因と対策2：議論対象がずれている→画面共有・議事録などで認識合わせ

話の内容がずれている（本題と違うことを喋っている）のに、そのことに気づかずに話が進んでしまうこともよくあります。対面でも同じことは起こりますが、オンライン会議だとそれを指摘・修正しづらいので、対面よりも頻度が増えてしまいます。

まずは「事前アジェンダ」で話す内容を明確にしておくことが重要です。
箇条書きであっても話すべき内容が伝わっていれば、大きなズレを防止することができます。
→詳細はP.186

その上で、議論中の認識ズレを防止するには「画面共有」を積極的に使いましょう。画面共有し、伝えたい資料・画像などを表示することで、相手と認識を合わせやすくなります。
→詳細はP.190

また、できるだけ「議事メモ」を取り、すぐに共有しましょう。
宿題、決定事項、議論内容を文字にしておくことで、参加者全員の認識を揃えることができ、認識の食い違いに気づきやすくなります。
→詳細はP.218

パターン4. メンバーの管理・サポートがしづらい

テレワークにおけるコミュニケーションの課題パターンの4つ目は、マネージャー視点で「メンバーの管理・サポートがしづらい」という点です。テレワークを導入すると、当然メンバー側の働き方も大きく変わりますが、それ以上に複数のメンバーのマネジメントを行う必要があるマネージャーにとって、さらに大きな影響があります。

課題1：指示が出しづらい

オフィスであれば、近くの席で座っている部下に対して口頭で指示できましたが、テレワークになるとやり方を大きく変える必要があります。朝会などで口頭の指示を出す場をつくることもできますが、チャットやメールを使った指示が増えます。

この課題に対しては、「課題：文章では伝えづらい」と同じ要因・対策が重要となります。そちらも参照いただきつつ、それ以外の要因と対策を考えていきます。

要因と対策1：目的・方針が伝わっていない→背景から伝える

テレワークでは、仕事の細かな状況を把握することは難しいため、メンバーがなるべく自力で仕事を進めやすい状況をつくる必要があります。メンバーが仕事を自力で進めていくには、自分で「どの業務の優先度が高いか」「もし想定通りのやり方がうまくいかない場合、次にどんなやり方を試すべきか」などを判断する必要があります。

「文章リテラシー」の要素でもありますが、自分で判断するためには、作業内容だけでなく、仕事の目的や、仕事で目指す方針を伝えることが重要です。
目的や方針を理解していれば、どの方向に進めばよいかを自身で判断しやすくなります。
→詳細はP.110

要因と対策2：アウトプットをすり合わせづらい→画面キャプチャ・スクリーン録画も活用

テレワークに限らず、仕事を指示するときには、アウトプットイメージをすり合わせておくことが重要です。アウトプットイメージが伝わっていないと、全く期待と異なるものになってしまい手戻りが発生するリスクが高まります。

アウトプットイメージを明確にするには、言葉だけでなく、画面キャプチャやスクリーン録画も活用しましょう。
具体的なイメージを伝えることで、誤解・誤認識を予防できます。
→画面キャプチャの詳細はP.167
→スクリーン録画の詳細はP.175

要因と対策3：仕事が止まってしまう→予備ワークを用意

仕事に不慣れなメンバーだと、仕事が途中で止まり、何も進まなくなってしまう場合があります。
私の前職のコンサル会社では、仕事の進め方がわからず動けない状態を「スタックしている」と言っていました。スタックとは、車が雪やぬかるみに足を取られて動けない状態を指す言葉で、転じてこのような使い方をしていました。

ある仕事が進められなくなった場合に、仕事がそれしかないと、ほかにすることがなくなってしまいます。
上司や同僚に助けを求めたくても、すぐに返信がこない場合も当然あります。

そんなときには、迷ったときにできる予備ワークも同時に用意しておくと良いでしょう。
仕事がうまく進まないことを事前に想定し、「この仕事が進められない場合、とりあえず別の仕事を進めてね」と指示しておくと、生産性を下げずに済みます。
→予備ワークはP.181

課題2：進捗が把握しづらい

メンバーの仕事が順調に進んでいるかどうかは、マネージャーとしてはとても気になります。オフィスにいれば、話かけることや、作業の様子を見ることで何となく状況を把握できます。しかしテレワークでは、状況を共有する仕組みがないと、進捗がわかりません。
進捗を把握しづらい要因と、その対策を考えます。

要因と対策1：作業様子が見えない→メンバーの予定を可視化、分報などで逐一共有

テレワークだと作業している様子が見えません。そのため、各メンバーに自ら状況を発信してもらう必要があります。

各自の大まかな状況把握には「カレンダーでの業務状況の可視化」がオススメです。アポや会議だけでなく、作業予定や実績をカレンダーに残しておくことで、同じ場所にいなくても作業状況を把握できます。
→詳細はP.150

また、よりリアルタイムな状況把握の仕組みとして「分報」も有用です。
仕事中に困っていること・大変なことを逐次共有することで、状況が理解でき、必要なサポートを即座に行えます。
→詳細はP.161

要因と対策2：全体状況がわからない→達成状況を可視化

個々人の目先の作業状況だけでなく、全体の達成状況も把握する必要があります。目標に対して実績は問題ないのか、納期に対してスケジュールどおりに進んでいるのかということもマネージャーにとっては大きな関心事です。

すでに業務管理ツールがあればそれらを活用すればよいと思いますが、独自に用意する必要がある場合には「進捗状況を可視化」する工夫を行いましょう。
スプレッドシートなどの無料ツールでも、しっかり使うことで十分に全体状況を把握できます。
→詳細はP.155

課題3：評価が難しい

「テレワークだと評価がしづらい」というマネージャーもいます。先日実施したテレワークに関するセミナーでも、参加者から「テレワークになったら、どのように評価すればいいのか？」という質問がありました。
本書は「評価」に関する本ではありませんが、チーム内でのコミュニケーション要素として評価はとても重要であるため、その観点で要因と対策を考えます。

要因と対策1：評価基準が曖昧→基準を明確にしつつ、1on1で定期的に確認
本来的には評価は「仕事の成果」「役割の重要さ」「能力」などに対して行うものです。「テレワークかどうか」は、多くの場合、評価基準には関係しないでしょう。「テレワークだと評価しづらい」という懸念が出てしまうのは、成果・役割・能力などの評価観点がそもそも不明確であり、雰囲気評価になっているからではないでしょうか。

まず行うべきは「評価基準をすり合わせる」ことでしょう。
マネージャー自身が評価制度の理解を深め、メンバーに対して評価基準を自分の言葉で説明できることは重要です。
→詳細はP.224

また、評価基準の達成度を知るためには「毎週の1on1」は欠かせません。
オフィスに比べて各自の動きが見えづらい分、コミュニケーションの機会をつくり、その中で各自の取り組みや姿勢、プロセス、成果を把握するように努めましょう。
→詳細はP.232

要因と対策2：評価の納得感がない→評価前の説明、評価時の説明
評価は、メンバーのモチベーションを大きく左右します。評価に納得感がないと、仕事の意欲に大きく影響し、場合によっては退職要因にもなります。テレワークにおいては、飲みニケーションなどでフォローがしづらいため、評価が重要なものとなります。

納得感を出すためにも、やはり「評価基準をすり合わせる」ことは重要です。
どうすれば評価されるのか（されないのか）を説明しておくことで、仮に結果が不本意なものであったとしても納得感を高められます。
→詳細はP.224

課題4：不満を把握しづらい

仕事をしていれば、誰でも嫌なことや辛いことがあります。愚痴を聞いたり適切にフォローすることでモチベーションを維持することもマネージャーの役割の1つです。しかしテレワークでは、これらを発見する機会が少なく、不満がたまって爆発し、退職やトラブルにつながるという懸念があります。

この課題の要因・対策は「課題：雑談がしづらい」に近いため、ぜひこれらもご覧ください。その上で、さらにマネージャー視点で取り組める内容は以下のとおりです。

要因と対策1：不満を直接把握する仕組みがない→ギャップアンケートで把握する

雑談や会話をする仕組みがあっても、「不満を伝える場」ではないので、人によっては遠慮し、不満を言い出せないことがあります。特に上司と部下という関係性があると、尚さら言いづらいでしょう。
直接的に不満を把握する仕組みとして「ギャップアンケート」は行う価値があります。
自分のチームだけでなく会社全体で実施することで、チームとしても会社としても大きなトラブルの予防になります。
→詳細はP.237

リモートコミュニケーションに欠かせないサービス

リモートでスムーズにコミュニケーションを取り仕事を進めるには、まず環境を整えましょう。幸いなことに、テレワークを効率化する非常に便利なサービスがさまざまな企業から提供されています。またコロナにより世界的にテレワークへの需要が高まり、新たに多くのサービスがつくられていくことも間違いありません。

本書では、2020年8月執筆時点において、私自身が実際に利用しているサービスの中でも、リモートでのコミュニケーションを円滑化するという視点で、特に重要なものに限定して紹介します。また特定のサービスではなく、「ビジネスチャット」「ファイル共有」「スクリーン録画」などのカテゴリとして必要なものを中心に説明します。中にはWindowsやMacの標準機能で事足りるものもあります。

ビジネスチャット～カスタムアイコンで盛り上がるSlackがオススメ

テレワークでは文章ベースのコミュニケーションが増えます。その代表はメールですが、メールはかしこまったコミュニケーションになりがちで、頻繁にやり取りするのは大変。
その問題を解決するのがビジネスチャットサービスです。

What ビジネスチャットは、ビジネスコミュニケーションに特化したサービス

ビジネスチャットがあることで、社内・チーム内の文章ベースでのコミュニケーションは劇的に加速します。もしまだ導入されていない場合は、すぐに導入しましょう。定番のビジネスチャットサービスは以下のとおりです。

サービス名	URL	概要
Slack	https://slack.com/	●世界で最も利用されているビジネスチャットサービス ●1日の利用者数は1200万人、世界150カ国で利用 ●さまざまなサービスとのAPI連携、リマインド機能、カスタムスタンプなど、機能面で他サービスを一歩リード
Chatwork	https://go.chatwork.com/	●国産のビジネスチャットサービス ●導入企業数は27万社以上。2019年9月に東証マザーズに上場 ●シンプルでITリテラシーが高くない人でも導入しやすい
LINE WORKS	https://line.worksmobile.com/	●ビジネス版LINE ●導入企業数は10万社以上 ●LINEと同様の使い方ができる、また通常のLINEユーザとも接続できる
Google Chat	https://gsuite.google.co.jp/intl/ja/products/chat/	●Googleが提供するチャットサービス。Google Hangoutチャットという名称だったが、Google Chatに変更された ●Google Workplace(旧G Suite。GmailやGoogleカレンダーなどがセットになったビジネス向けプラン)内で利用可能
Microsoft Teams	https://www.microsoft.com/ja-jp/microsoft-365/microsoft-teams/	●Microsoftが提供するコミュニケーションサービス ●大手企業を中心に導入されている

個人的なオススメは「Slack」

私自身は、会社立ち上げ初期にはChatworkを利用していましたが、人数が増えてからはSlackに移行しました。また自分の会社以外でもさまざまな団体に関わる中で、WorkplaceやGoogle Chatを利用することもあります。どのツールでも大きな問題はないと思いますが、もしこれから選ぶということであれば、個人的にはSlackを推奨します。その理由は以下のとおりです。

・絵文字を自分で追加できる

絵文字を追加することで、コミュニケーションの幅や面白さが大きく広がります。「会社・チームならではの絵文字」が生まれると、コミュニケーションが捗ります。

・スレッド機能で議論をまとめやすい

スレッドとは、チャットの特定投稿へのコメント機能のようなものです。スレッドがあると特定のトピックの議論を枝分かれさせせることができます。

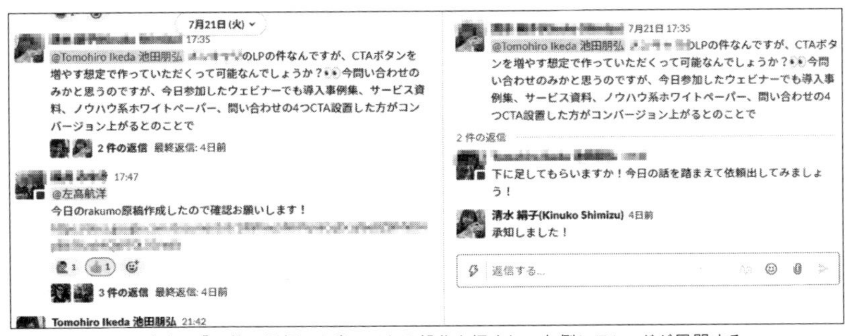

左側はチャットの内容。「～件の返信」と書いてある部分を押すと、右側にスレッドが展開する

・検索がしやすい

検索機能が豊富で探しているものが見つけやすい。ほかのビジネスチャットにも検索機能はもちろんありますが、頭ひとつ抜けて使いやすい印象です。

・リマインド機能が便利

リマインダーという機能があり、特定のコメントだけを後から通知してくれます。ほかのサービスでも「タスク」などの近い機能はありますが、リマインダーだと設定した時間に改めて通知してくれるので忘れにくく便利です。

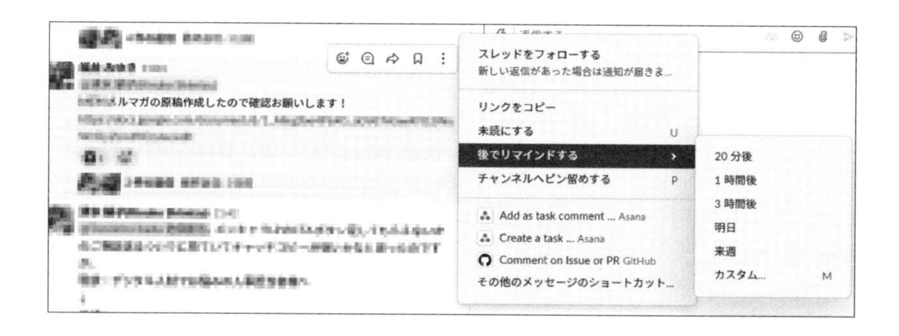

Why 文章でのコミュニケーション頻度を高められる

もし「テレワークをする上で、1つだけサービスが使える」としたら、ビジネスチャットサービスを選びます。そのぐらいビジネスチャットサービスの有無がコミュニケーションに与える影響は大きい。その理由をメールと比較しながら説明します。

- **●メッセージを送りやすい**
- **●返信・コメントしやすい**
- **●後から見返しやすい**
- **●誤送信しづらい**

メッセージを送りやすい

ビジネスチャットなら「〜お願いします」「〜を思いついた」などの短文でもメッセージが送れます。さらには絵文字など、文章を使わずにレスポンスできます。

一方メールだと、「●●さん」「お世話になっております」などの枕詞をどうしてもつけがちで、しっかりした文章をつくらねばという意識になりやすい。

返信・コメントしやすい

ビジネスチャットなら誰かの発信に対して、すぐに返信できます。「了解」「わかった」などの短文でも返信できますし、議論の途中でコメントも入れやすくなります。

一方メールで複数の人がいる場合、全員をToやCCに入れて送ることはできますが、送るのが面倒です。また特定の人向けに送られたメールに対して、横からコメントするのはハードルが高い。

後から見返しやすい

ビジネスチャットは「ルーム」「チャンネル」など、目的別の部屋をつくることができます。プロジェクト単位・議論単位・チーム単位などで部屋をつくっておくことで、議論内容を蓄積することができます。後から入ったメンバーでも経緯を追うことができます。

メールだと特定の議論の経緯を追うには手間が掛かります。自分自身がメールでやり取りをしていれば検索できますが、後から入ったメンバーに転送するのは大変。

誤送信しづらい

メールでよくある問題が「誤送信」です。メールアドレスの入力ミスや返信ミスなどで、本来送るべきではなかった人に送ってしまうという事故はどの組織でもあるでしょう。「社内の人に転送したつもりが、実は同姓の社外の人だった」というケースもよく聞きます。個人情報や機密情報が含まれていると、これはセキュリティ事故です。

ビジネスチャットであれば、社内のメンバーだけに送付するため、このような事故が発生しづらくなります。メールの転送も基本的にはせず、コピペしてビジネスチャット上で展開すれば安心です。

オンライン会議
～軽快動作のZoomがオススメ

文章ベースのやり取りだけでは、どうしても意思疎通が難しい場合があります。そんなとき、第一選択肢に上がるのは電話だと思いますが、電話は音声だけのやり取りしかできず3人以上の議論は困難。それを解決するものがオンライン会議サービスです。

What オンライン会議サービスは、映像と音声で会話できるサービス

オンライン会議サービスは、映像と音声でコミュニケーションを取るためのサービスです。1対1だけでなく、多人数で参加することもできます。よく使われているサービスは以下のとおりです。

サービス名	URL	概要
Zoom	https://zoom.us/	●最も勢いのあるオンライン会議サービス ●コロナの影響もあり、1日あたりの会議参加者は3億人超 ●「Zoom飲み」という言葉が流行るほど一般化 ●「途中で人数を小分けにする機能(ブレークアウト)」「バーチャル背景設定」など、機能面でも他ツールを一歩リード ●今後、SlackやDropboxなどとの連携機能も強化予定
Google Meet	https://gsuite.google.co.jp/intl/ja/products/meet/	● Googleが提供するオンライン会議サービス。元々はGoogle Hangoutという名前だったが、Google Meetに変更された ● Googleカレンダーとの親和性が非常に高く、カレンダーに予定を入れると自動的にURLが発行される
Microsoft Teams	https://www.microsoft.com/ja-jp/microsoft-365/microsoft-teams/group-chat-software	● Microsoftが提供する総合ビジネスコミュニケーションサービス。オンライン会議も可能
Skype	https://www.skype.com/ja/	● 2003年に設立されたビデオ会議サービスの老舗。Microsoftが2011年に買収 ●事前に連絡先登録が必要になるため、上記ツールに比べるとビジネスシーンで使っている人は少ない印象

個人的なオススメは「Zoom」

どのツールもよく使われており、どれでも大きな問題はないのですが、もし自分でツールを選べる場合にはZoomを選びます。

軽い

ツールごとの通信量を比べているブログはいくつもあり、記事によって比較結果はまちまちなのですが、Zoomが軽いという結果になっていることが多い。

背景を変えられる

バーチャル背景という機能で、背景を変更できます。名刺のような見た目で自分の名前を出したり、ちょっと面白い背景にしたりして笑いを取るなど、使い方次第でコミュニケーションツールとして有用です。

会議中に部屋を分けられる

数人程度の会議であれば正直どのツールでもよいのですが、10人を超えてくるような会議で、かつ議論時間を設けたい場合には、この「会議中に部屋を分けられる機能（ブレークアウトセッション機能）」が非常に便利。

ブレークアウトセッションを使うと、オンライン会議中に参加者を数人単位などで分けることができます。また、全員を同じ会議に戻すことも簡単です。
ほかのサービスで同じことを実現するためには、事前にURL（会議ルーム）を用意し、会議参加者自身に移動してもらうしかありません。

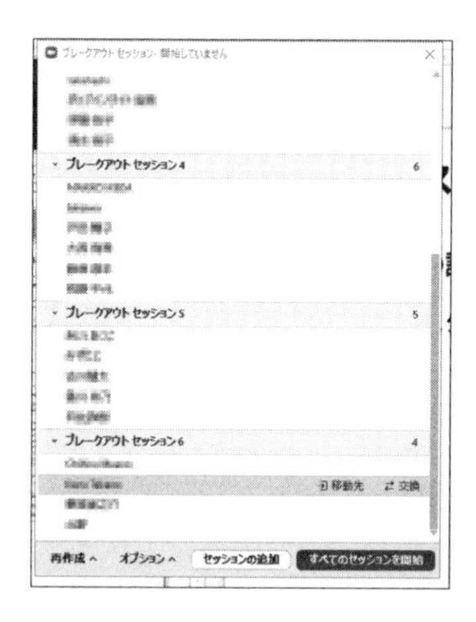

Why コミュニケーションの質が圧倒的に上がる

電話と比べ、オンライン会議サービスの方が以下の点で優れています。通信環境や状況によっては電話ももちろん使いますが、オンライン会議サービスを使いこなせると、リモートでのコミュニケーションが格段にしやすくなります。

●複数人で話せる
●顔が見える
●画面を共有できる
●チャットも併用できる

複数人で話せる

電話は1対1が基本です。スピーカーモードやグループ通話では多人数で議論することもできますが、あまり一般的ではありません。

オンライン会議であれば、多人数でも問題なく会議ができます。Zoomだと最大

1,000人、Google Meetでは最大250人が同時に接続できます。実際にはこんな多人数で行うことは滅多にありませんが、5〜10人程度の会議は頻繁にあります。

顔が見える

電話では顔が見えません。オンライン会議であれば、映像も同時に出すことができます。顔が見えるかどうかで、相手の印象は大きく変わります。顔色で気分や体調を察することもできますし、表情から読み取れる感情や情報はとても多いです。

画面を共有できる

電話だと音声しか使えません。資料を見せたり、特定のWebサイトを出したりしようと思うと、相手側に自身で対応してもらう必要があります。

オンライン会議ツールなら、画面共有機能を使うことで、資料やWebサイトを相手に見せながら話せます。議論中に相手に見せたい画面を自分で表示することができるので、コミュニケーションにおける認識の食い違いを防止できます。

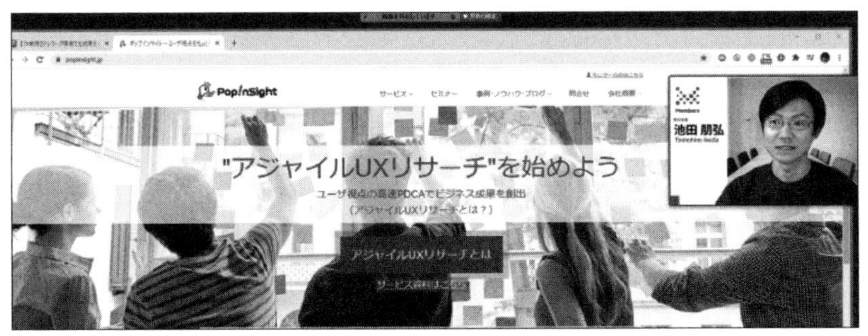

Web サイトや資料を見せながら説明できる

チャットも併用できる

オンライン会議ではチャットを併用することもできます。話している途中にURLを送ったり、わかりにくい単語を補足したり、議事メモや要点を言葉で送ることで、理解を確認することができます。またオンライン会議の参加人数が多いときには、チャットを併用すると、ほかの参加者の発言を邪魔せずに質問や確認もできます。

オンラインストレージ
〜Google DriveやBoxなど

テレワークでは、アウトプットの中心は「文書」「資料」「画像」など、何かしらのデジタルデータです。これらのデジタルデータを職場にいるときと同様に受渡ししたり、確認・管理できたりする環境がテレワークには必要です。この環境をつくるものがオンラインストレージサービスです。

What オンラインストレージサービスは、文書・画像などのデジタルデータを管理するもの

オンラインストレージサービスは、文書・画像などのデジタルデータを社内やチームで共同管理するための仕組みです。ファイル共有サービスと呼ばれることもあり、社内のファイルサーバを代替するものです。定番のサービスを次表に示します。

サービス名	URL	概要
Google Drive	https://gsuite.google.co.jp/intl/ja/products/drive/	● Google が提供するオンラインストレージ ● Google Workplace(Gmail や Google カレンダーなどがセットになったビジネス向けプラン)内で利用可能 ● Google スプレッドシートやドキュメントなどと相性が良い
Microsoft OneDrive	https://www.microsoft.com/ja-jp/microsoft-365/onedrive/onedrive-for-business	● Microsoft が提供するファイル共有サービス ● Word や Excel などのオフィス製品の共同作業がしやすい
Dropbox	https://www.dropbox.com/business	●オンラインストレージの老舗 ●個人向けサービスというイメージが強いが、ビジネスプランもある
Box	https://www.box.com/	●法人特化のオンラインストレージサービス ●セキュリティ対策や管理ツールが充実している

オンラインストレージについては、個人的に「このツールが良い」という強い推奨はありません。また、いくつかのサービスを併用している企業も多い印象です。

? Why セキュリティ・共有・検索のいずれの視点でも必要

単にファイルを共有するだけなら、メールやビジネスチャット上で十分という意見があるかもしれません。そこでオンラインストレージサービスが必要な理由を考えます。

- **セキュリティレベルが高い**
- **共有しやすい**
- **検索・管理しやすい**

セキュリティレベルが高い

オンラインストレージでは、ファイルやフォルダごとにアクセス権限（誰が閲覧できるか）を設定できます。また、アクセス履歴を取得することもできます。

ローカル（パソコン本体）にファイルを残していると、パソコンの紛失・盗難に伴ってデータが流出するリスクがありますが、オンラインストレージ上に配置していれば、このような物理的なアクシデントにも対応できます。

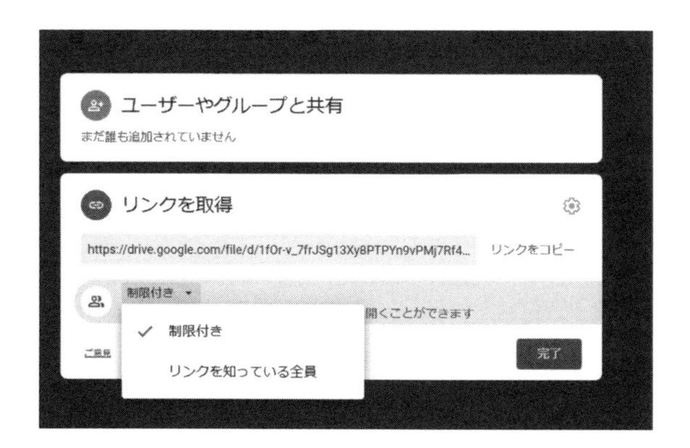

共有しやすい

オンラインストレージ上に配置したファイルは、URLからアクセスできます。メール添付やチャットでの送付では重いファイルでも、URLを送るだけで共有できます。表計算データや動画データなどは、URLにアクセスした上で、わざわざダウンロードせずにそのまま閲覧できます。

Google Drive で Excel ファイルにアクセスした例。ダウンロードしなくても内容をブラウザで確認できる

また、1GB以上の大きな容量にも対応しています。メールだと添付ファイルサイズ上限を超えてしまいますが、オンラインストレージなら問題なく共有できます。

検索・管理しやすい

オンラインストレージは、クラウド上の「フォルダ」のようなものです。各自のローカルディスクにファイルがあると、そもそもセキュリティ的に問題があるだけでなく、ほかのチームメンバーからはアクセスすることもできません。
オンラインストレージに作業ファイルを置けば、いつでも誰でも（アクセス権限の範囲内で）ファイルを確認できます。また、キーワード検索機能もあるので、ファイルが多くても、フォルダ構造が複雑でわかりづらくても、探しやすい。

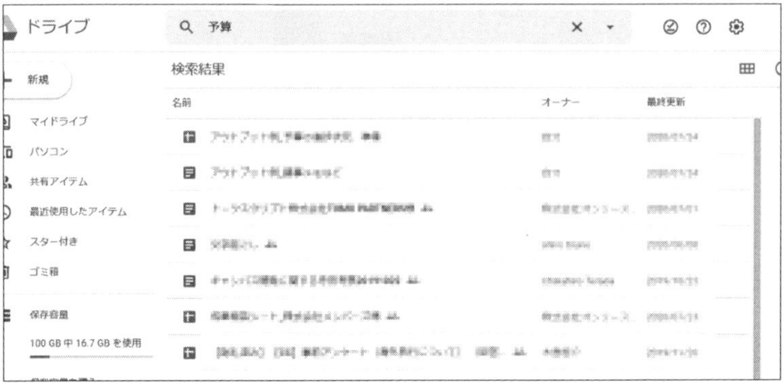

オンラインドキュメント
〜Googleドキュメントやスプレッドシートなど

テレワーク環境でも、レポートや表形式データを作成するシーンは多い。オフィスと異なり、横で一緒に画面を見ながら作業することは難しいので、オンラインで共同編集を行えることが望ましいです。オンラインドキュメントサービスを積極的に利用しましょう。

What オンラインドキュメントサービスは、オンラインで共同編集できる文書作成サービス

オンラインドキュメントサービスは、オンライン上で共同編集できる文書作成サービスです。文書には、文章・資料・表計算などが含まれます。主なツールを次表で示します。

サービス名	URL	概要
Google ドキュメント	https://gsuite.google.co.jp/intl/ja/products/drive/	Google が提供するオンラインの文書作成サービス（Word のようなもの）
Google スプレッドシート	https://www.google.com/intl/ja_jp/sheets/about/	Google が提供するオンラインの表計算サービス（Excel のようなもの）
Google スライド	https://www.google.com/intl/ja_jp/slides/about/	Google が提供するオンラインの資料作成サービス（PowerPoint のようなもの）

MicrosoftもWordやExcelの共同編集可能なオンライン版を提供していますが、私自身のこれまでの経験では、オンラインドキュメントとしてMicrosoftのURLが送られてきたことは一度もありません。ほとんどGoogleドキュメントやGoogleスプレッドシートです。

Why 共同で作業でき、バージョン管理が不要

WordやExcelなどのローカルでのファイル編集ではなく、オンラインドキュメントサービスを利用すべき理由を紹介します。

- **●同時に編集できる**
- **●作業状況がリアルタイムにわかる**
- **●バージョン管理をしなくてよい**
- **●アクセス権限・制限を柔軟に設定できる**

同時に編集できる

ローカルファイルだと、同じファイルを同時に編集できません。そのため、複数人で作業する場合は、まず誰かが一人でファイルを作成し、そのファイルを送った上で追記・修正してもらう必要があります。作業の待ち時間も発生します。

オンラインドキュメントサービスであれば、同じ時間にファイルを開き、同時に作業できます。そのため、役割分担をして作業するときにもスムーズ。
また、コメント機能を使うと、特定箇所に対する指摘が簡単にでき、フィードバックもしやすい。

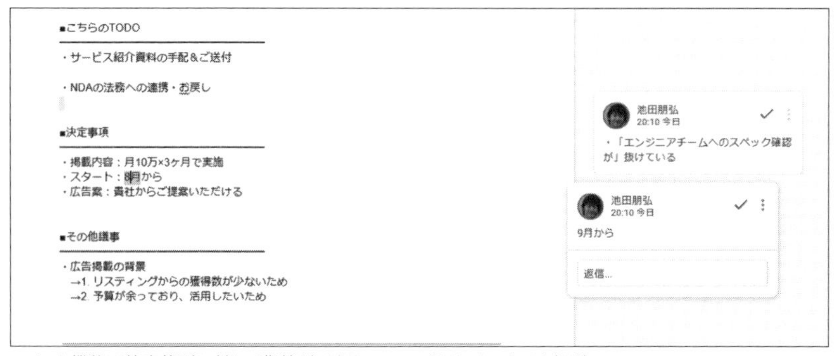

コメント機能で特定箇所に対して指摘ができる。フィードバックにとても便利

作業状況がリアルタイムにわかる

ローカルファイルの作業だと、各自の最新状況は作業者の手元でしか反映されません。そのため、作業状況を知るためには、ファイルを送ってもらったり、報告し

たりしてもらう必要があります。

オンラインドキュメントサービスであれば、URLさえ知っていれば、いつでも最新の作業状況がわかります。「あの作業はどこまで終わったか」などと気に病む必要はなく、ファイルを開ければすぐに状況を把握できます。

バージョン管理をしなくてよい

ローカルファイルだと、共有するたびにさまざまなバージョンのファイルが発生します。どれが最新版なのかわからなかったり、古いバージョンで作業をはじめてしまい「先祖返り」したりする状況が起こります。

オンラインドキュメントサービスは、ファイル保存が必要ない（オンラインに存在する）ため、このようなファイルのバージョン問題・先祖返り問題が発生しません。また、過去の編集履歴も一定期間保存してくれるので、誤って消してしまい、過去のバージョンを確認するときにも便利です。

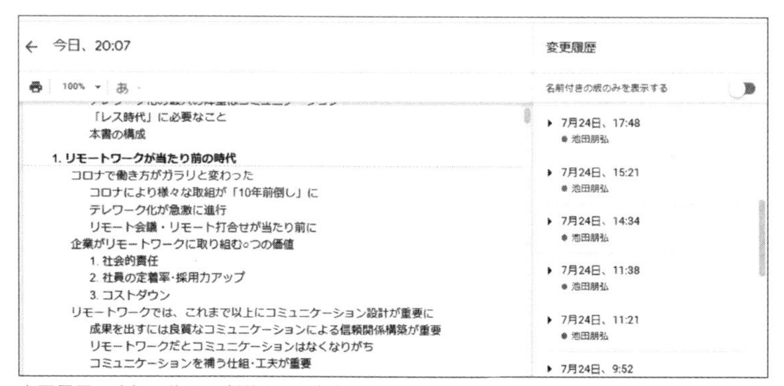

変更履歴で追加・修正・削除された内容を把握できる

アクセス権限・制限を柔軟に設定できる

ローカルファイルは、手元にファイルがあるので一見すると安心ですが、一度ファイルを外部に出してしまうと、誰が所有・閲覧しているのかを把握できません。

オンラインドキュメントサービスであれば、ファイルがURLとして存在するので誰が閲覧・編集できるかを設定でき、ローカル上の保存より安心できます。

カレンダー
〜Googleカレンダーなど

スムーズなコミュニケーションには、チーム内でお互いの予定を共有しておくことが欠かせません。予定がわからないと、電話や連絡、相談していいかもわかりませんし、連絡が遅い場合に何をしているかわからないと不安になります。そのためにカレンダーサービスを活用しましょう。

What カレンダーサービスは、オンラインで予定を管理するもの

カレンダーサービスは、オンライン上で予定管理するサービスです。日単位・週単位・月単位などで、自分やチームメンバーの予定を把握できます。定番のカレンダーサービスを次表に示します。

サービス名	URL	概要
Google カレンダー	https://calendar.google.com/calendar/r	● Google が提供するカレンダーサービス ● Google Workplace (Gmail や Google Chat などがセットになったビジネス向けプラン) 内で利用可能
サイボウズ Office	https://office.cybozu.co.jp/	●サイボウズが提供する国産のグループウェア (情報共有やコミュニケーションのための機能をまとめたもの) ●中小企業を中心に 6.5 万社が利用
TimeTree	https://timetreeapp.com/	● TimeTree が提供するカレンダーシェアアプリ ●ユーザ数 2000 万人以上。夫婦や友人間での利用が多そうだが、ビジネスでの利用シーンも増えている模様 ● Google カレンダーとの同期・連携も可能

個人的なオススメは「Googleカレンダー」

もし現時点でカレンダーサービスを使っていなければ、Googleカレンダーをオススメします。使い勝手もよく、スマホでの閲覧、他サービスとの連携も可能。またGoogleカレンダーを利用している人同士であれば、メールアドレスで予定に「招待」することができ、相手のカレンダーに登録することもできます。

?Why 自分も相手も予定が共有・確認できる

チームコミュニケーションという視点で、カレンダーサービスを導入しておくべき理由を次に示します。まだ利用されていない方は、手帳での管理からカレンダーサービスでの管理に切り替える検討材料としてもご覧ください。

- **自分の予定を伝えられる**
- **チームメンバーの予定を確認・確保できる**
- **定例会議を設定しやすい**

自分の予定を伝えられる

手帳などのアナログな管理だと、自分の予定は自分しか見ることができません。カレンダーサービスに予定を登録しておくことで、ほかのチームメンバーにも自分の予定を知らせることができます。会議の日程調整やちょっとした相談時間も確保しやすくなるだけでなく、「どの時間に何をしているかがわかる」とお互いに安心できます。

チームメンバーの予定を確認・確保できる

カレンダーサービスを導入することで、チームメンバーの予定もすぐに把握できます。予定がわかることで、日程調整もしやすいですし、メンバーの動きがわかることは、マネージャー視点でも安心です。
また自分以外のカレンダーに予定を登録することもできるので、メンバーの予定調整も簡便です。

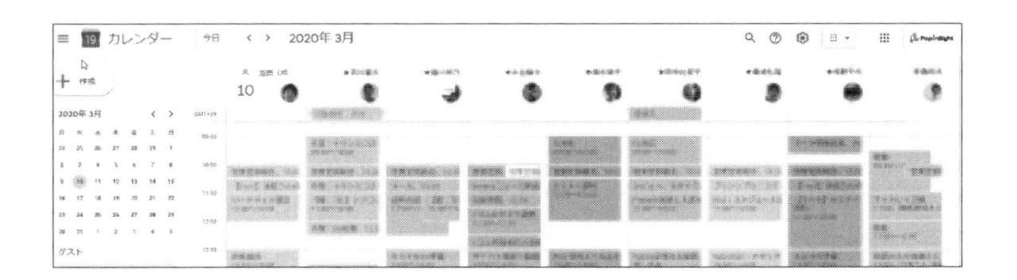

定例会議を設定しやすい

カレンダーサービスでは「繰り返し予定」を設定できます。毎日、毎週、毎月第三月曜日など、柔軟に指定できます。この機能を使うと、毎週の定例会などの予定を自動的に確保できるため便利。

画面キャプチャ
～標準機能やGyazoなど

テレワークでのコミュニケーションの中心は文章ですが、文字だけでは伝えづらいことも多くあります。写真や図表など、具体的なイメージを伝える方がよいシーンも多い。そんなときは画面キャプチャを使いましょう。

What 画面キャプチャは、画面を画像データ化するもの

画面キャプチャは、パソコンやスマホの操作中の画面を画像として保存するものです。画面全体を保存するだけでなく、一部を切り取って保存することもできます。

画面キャプチャは、以下の2つの方法があります。

- **画面キャプチャし、画像ファイルやクリップボードに保存する**
- **画面キャプチャと同時にインターネットにアップロードする**

方法1：画面キャプチャし、画像ファイルやクリップボードに保存

画面キャプチャはWindowsでもMacでも標準機能で行えます。

OS	コマンド
Windows の場合（切り取り＆スケッチ）	Shift ＋ Windows キー ＋ S
Mac の場合	shift ＋ command ＋ 4

取得した画面キャプチャは、画像ファイルとして保存するか、クリップボードにコピーできます。クリップボードにコピーされている場合は、コミュニケーションツールに直接ペーストすることもできます。

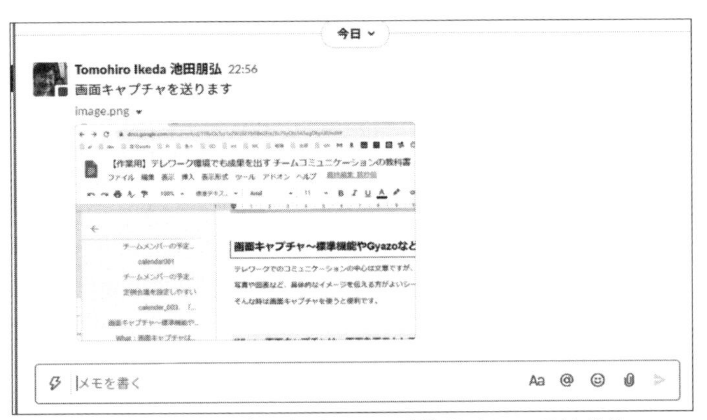

切り取り＆スケッチの画面キャプチャを、Ctrl ＋ v で直接 Slack にペーストし送付

方法2：画面キャプチャと同時にインターネットにアップロード

画面キャプチャを撮るだけでなく、そのままキャプチャをインターネットにアップロードし､URLで確認できるGyazoという便利なツールもあります。Gyazoを起動し、キャプチャしたい領域を選択すると、自動的に画像がサーバにアップされ、アップロード先のURLがクリップボードにコピーされます。URLにすることで、画像ファイル自体を送付できないシーンでも画像を提示することができます。

サービス名	URL	概要
Gyazo	https://gyazo.com/	Nota, inc. が提供する画像キャプチャ＆共有サービス

■1. 業績について

・今期の業績は昨年より120%アップ
https://[illegible]/gyazo/img/29c2b8df662480cd5ed6d4200a37c78b.png

・A社のように対外的に露出可能な事例もあり
https://[illegible]/gyazo/img/51c2b8df66asdagarqwrxcsadasfarqwrq.png

テキストの詳細説明として画面キャプチャ URL を配置。1 クリックで該当画像が開けるので情報を共有しやすい

Why 文章だけよりも情報を伝えやすい

画像キャプチャが必要になる理由を次に示します。より詳細な理由や活用方法は「画面キャプチャを活用する（P.167）」をぜひご覧ください。

●文章では伝えづらい情報を画像で伝えられる
●認識の食い違いが起きにくい
●文章作成よりも早い

文章では伝えづらい情報を画像で伝えられる

文章だけでは伝えにくい情報も、画像があれば容易に伝えられます。例えば「Googleドキュメントのコメント機能の場所」を説明するときにも、以下のような画像があれば一目瞭然です。

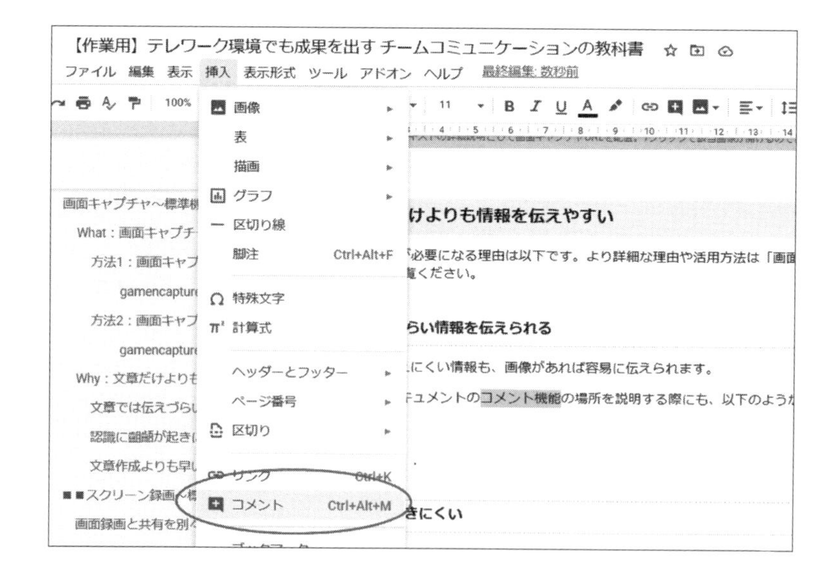

認識の食い違いが起きにくい

文章や言葉だと、相手が違う解釈をしたり、誤解されたりしてしまうケースがあります。「先週の資料と同じようにつくってくれ」と指示したとしても、”先週の資料”が複数ある場合に、両者の間で違うものを想起する可能性があります。そんなときにも具体的に画面キャプチャを送ることで、認識の食い違いを防止できます。

文章作成よりも早い

言葉で説明するより、画面キャプチャを撮って送る方が手間が掛からない場合もよくあります。先ほどの「Googleドキュメントのコメント機能の場所」の例でも、わざわざ文章をつくるよりも、キャプチャを撮って画像を送る方が簡便。

スクリーン録画
〜画面録画ツール＆YouTubeかLoom

テレワークでのコミュニケーションでは、「隣の席で作業を教える」ことができません。複雑な作業を、文字や画像だけで伝えるのは非常に困難。一方、オンライン会議ツールの画面共有機能を使えば、画面を見ながら説明することはできますが相手の予定を確保するのが手間。それをスクリーン録画が解決してくれます。

What スクリーン録画は、操作様子を音声とともに録画し、それを共有するためのツール

スクリーン録画は、画面操作の様子を音声とともに録画するものです。スクリーン録画と共有には、以下の2つの方法があります。

- **画面録画と共有を別々のツールで行う**
- **画面録画と共有を同時に行うツール**

方法1：画面録画と共有を別々のツールで行う方法

画面録画ツールは、「画面操作」と「マイクの音声・カメラからの映像」を同時に録画できるツールです。

これは、WindowsでもMacでも標準機能で実施できます。Windows（10以降）では、「Windowsキー ＋ G」で録画ツールを起動できます。本来はゲーム録画・中継用のツールで、機能名は「ゲームバー」といいます。

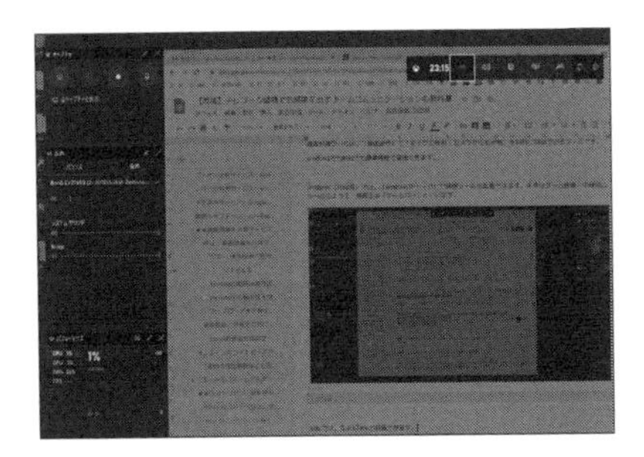

Macでは、QuickTime Playerで録画できます。

QuickTime Playerを起動し､｢ファイル｣→｢新規画面収録｣の順にクリックします。

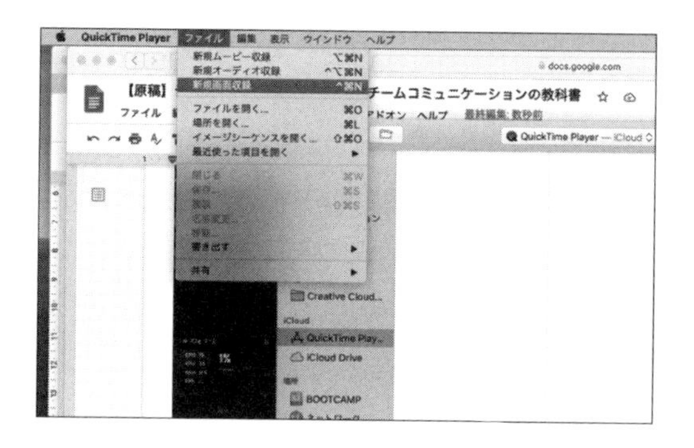

録画データの共有は、動画データをそのまま送付する方法と、YouTubeなどの動画公開サービスを使う方法があります。

録画データをそのまま送付する方法は、メールやチャットツール上に添付するだけです。手軽な方法ですが、欠点が2つあります。

1つ目は、ファイルサイズが重くなってしまうことです。メール添付ではよほど録画時間が短くない限り、容量オーバーになることが多い。チャットツールの場合、ストレージ上限が決められていることがあります。そのため、Google DriveやBoxなどのファイル共有ツールの併用が必要です。

2つ目は、再生前にダウンロードが必要で、閲覧しづらいという欠点もあります。ブロードバンド環境であればそこまで時間はかかりませんが、通信環境によっては時間が掛かる上に、ダウンロードした後にファイルを開くという作業が面倒。

YouTubeなどの動画公開サービスを使う方法では、事前に動画公開サービスのアカウントを取得しておき、画面録画データをアップロードした上で共有します。この方法を使うと「そのまま送付」の2つの欠点は解消できます。また、動画をスマホで閲覧できたり、倍速再生などの動画公開サービス側の機能を使えたりするので、情報の受け取り手側の利便性は格段に上がります。

一方、共有前のアップロード作業が発生するので、情報の送り手側の手間は増えます。ただ私自身、1,000回以上この方法を使ってきましたので、慣れれば問題ありません。

YouTubeの動画共有方式

YouTubeでの具体的な共有方法を簡単に説明します。YouTubeの場合、アップロード後に動画公開を以下の3タイプに指定できます（2020年8月、執筆時点）。企業内で共有する場合は、「非公開」をオススメします。

公開方法	検索結果への表示	URL指定での閲覧	閲覧ユーザの指定	概要
公開	○	○	×	●アップロード動画は誰でも閲覧可能で、YouTube内の検索結果にも表示される ●セミナー動画の公開など、一般に広く動画を公開したい場合にオススメ
限定公開	×	○	×	●アップロード動画はURLを知っている人のみ閲覧可能（検索結果には表示されない） ●セキュリティ的な懸念点が少ない動画を手軽に共有する場合にオススメ
非公開	×	×	○	●アップロード動画は別途共有設定した人のみ閲覧可能（URLを知っていても閲覧できない） ●「社内のみに共有したい」場合にオススメ

YouTubeでの非公開＆閲覧ユーザ指定の方法

非公開にした上で共有する方法は、以下の通りです。まず「非公開」とし、その上で「限定公開」で共有先メールアドレスを入力します。「限定公開」という言葉が、「公開方法」と「非公開時の共有先の設定」の2箇所で異なる意味で使われており、分かりづらいのでご注意ください。

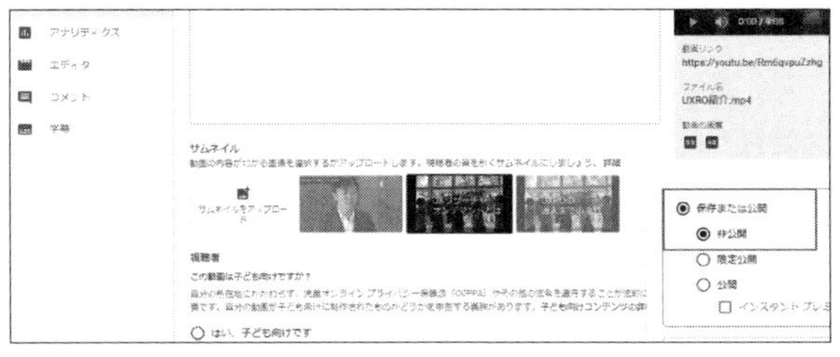

保存方法で「非公開」を設定

画面右上の三点リーダをクリック。メニューから「限定公開」を選択。この後、共有したい人のメールアドレス（YouTube アカウント）を入力すれば共有できます。

YouTubeへのアップロードを手軽に行う工夫

アップロード負荷を下げる細かな工夫としては、ブラウザのブックマークツールバーに「動画アップロード画面への直接URL」を置いておくことをオススメします。私の場合、さまざまな業務系サービスと並ぶ形で「YouTubeの動画一覧」と「YouTubeのアップロード画面URL」を別々にブックマーク登録しています。左側のYouTubeアイコンを押すと、そのままアップロード画面が表示されます。また余談ですが、ブックマークツールバーのスペースを有効活用するには、本画面のようにブックマークをアイコンだけにする（タイトルを消す）のがオススメです。

方法2：画面録画と共有を同時に行うツール（Loom）

もう1つの方法は、画面録画と共有を同時に行えるツールを利用することです。そのための専用ツールが「Loom（https://www.loom.com/）」です。

「Loom」は、2015年に設立されたアメリカのスタートアップ企業です。Slack社などからこれまでに累計7400万ドルを資金調達しており、9万社以上の企業・400万人以上のユーザがいます（2020年7月時点）。日本ではまだあまり知られていませんが、個人的にはZoomに次ぐブームが起こるのではないかと注目しています。

Chromeエクステンションかデスクトップアプリをインストールすると、1クリックで録画をスタートでき、録画停止とともに動画がアップロードされ、すぐに閲覧できます。共有時には、パスワードをつけたり、特定ユーザへの公開として限定したりすることもできます。

Loomの利用前は、上記の「画面録画＋YouTube」を利用していましたが、Loomの導入後はこの方法に完全に切り替えています。それほど便利なツールです。

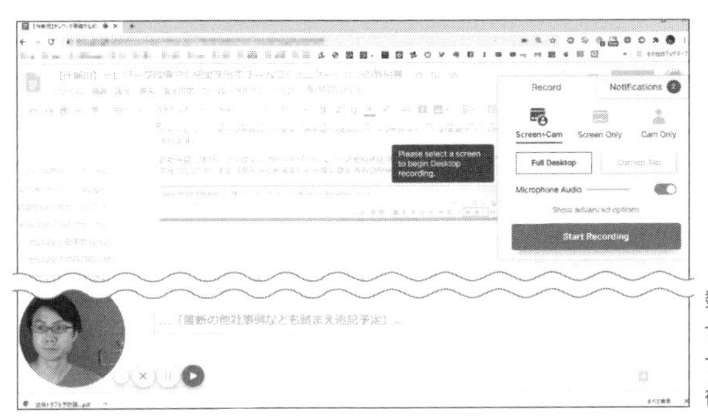

数クリックで録画を開始できます。録画し終わると自動的にアップロードされ、共有用URLを取得できます。

Loomの動画共有設定

LoomにもYouTubeと同様にさまざまな共有方法があります。執筆時点の手法を次に示します。私は「Link Sharing＋パスワード設定」の上で共有しています。

公開方法	Googleなどの検索エンジンへの表示	URL指定での閲覧	パスワード設定	閲覧ユーザの指定	特徴
Public	○	○	×	×	●アップロード動画は誰でも閲覧可能で、Googleなどの検索エンジンにも表示される ●セミナー動画の公開など、一般に広く動画を公開したい場合にオススメ
Link Sharing	×	○	○	○	●アップロード動画はURLを知っている人のみ閲覧可能（検索結果には表示されない） ●パスワード設定、ユーザ招待設定もオプションとして指定可能

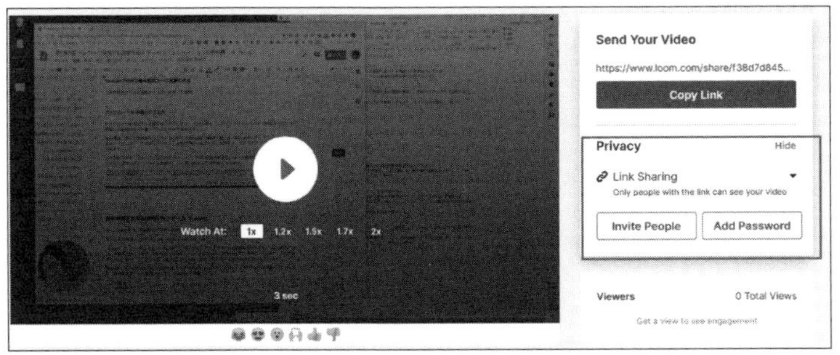

Loomの共有設定の場所

Loomでのナレッジ整理

Loomにアップロードした動画は、Loomの管理サイト上で整理できます。後から活用しやすいようにフォルダ分けなどをしてもよいでしょう。

ただLoom上での整理は自分自身が見ることしかできないので、私自身はLoom上での整理はほとんど行っておらず、WikiやGoogleスプレッドシートで別途整理することが多い。

?Why 映像の方が情報を伝えやすい

スクリーン録画を使いこなすメリットを次に示します。詳細な理由や活用方法は「スクリーン録画を活用する(P.175)」をぜひご覧ください。

- **文章＋画像よりも、映像の方がより情報を伝えやすい**
- **後から見返しできる**
- **文章＋画像よりも準備が楽**

文章＋画像よりも、映像の方がより正確に情報を伝えやすい

文章や画像だけだと、複雑な操作や、複数のアプリケーションを横断するような作業を伝えるのは困難。

映像であれば、操作に加えて音声でも補足説明できるので、簡単に伝えられます。

後から見返しできる

映像としてデータ化しておくと、後から見返すことができます。新しいメンバーに知っておいてほしい作業のコツなどをスクリーン録画で残しておくと、同じ説明を二度する必要がありません。

文章＋画像よりも準備が楽

文章や画像よりも相手に情報が伝えやすいだけでなく、スクリーン録画に使い慣れると、自分自身の準備も簡便。文章や画像をつくるよりも、操作しながら口頭で説明を足していく方が時間は掛かりません。

オンラインホワイトボード〜miroなど

テレワークでも複数人で発散型の議論をしたい場合もあります。そんなとき、画用紙やホワイトボードのように自由に情報を書き込む場所があると便利です。ここでぜひ使いたいのがオンラインホワイトボードサービスです。

What オンラインホワイトボードは、複数人で情報を自由に書き込めるもの

オンラインホワイトボードは、オンラインで議論をするときに、複数人で自由に情報を書き込めるツールです。テキストや図形は当然のこと、マウスを使った線描画や、より高度なフォーマットを使うこともできます。

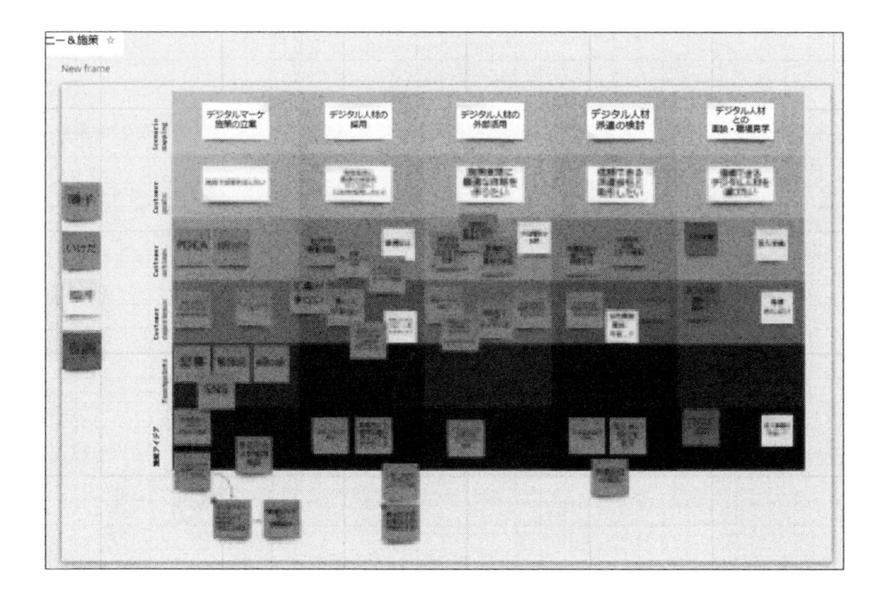

代表的なサービスを次に示します。

サービス名	URL	概要
miro	https://miro.com/	● miro が提供するオンラインホワイトボードサービス ●世界中で700万人以上のユーザがいる。コロナでテレワークが広がり、日本でも人気が急上昇中 ●ただの自由記入ではなく、マインドマップやカスタマージャーニーなど、さまざまなテンプレートが用意されている
Google スライド	https://www.google.com/intl/ja_jp/slides/about/	● Google が提供するオンラインの資料作成サービス (PowerPoint のようなもの) ●ホワイトボードツールではないが、画像・文字・図形などを共同作業で自由に貼れるため、ホワイトボード的な活用も可能

個人的なオススメは「miro」

ホワイトボードに特化したツールで、日本でも利用者が増えています。単なる「ボード」ではなく、さまざまなフォーマットが用意されているため、テーマにあわせてフォーマットを変えることで、気分を変えて議論することができます。私自身は「Mind Map」というフォーマットを使い、徐々に議論を広げていくのが一番好きです。

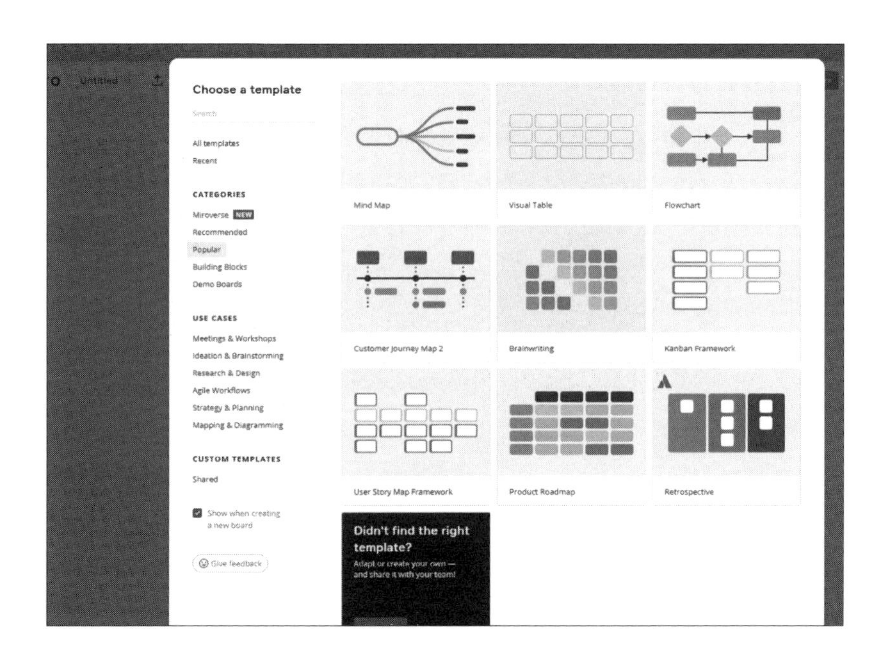

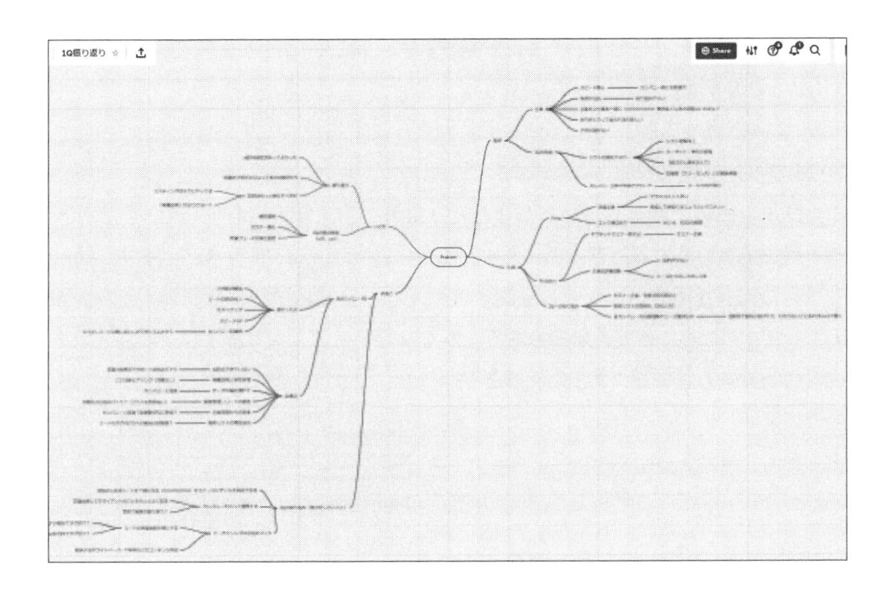

Why オンラインでも創発的な議論ができる

オンラインでディスカッションを行う際に、オンラインホワイトボードサービスの利用をオススメする理由を次に示します。

- ●テレワークでも創発的な議論がしやすい
- ●アウトプットが残る

テレワークでも創発的な議論がしやすい

ホワイトボードツールのさまざまなフォーマットを使うことで、議論を発展させやすくなります。マインドマップでの発散や、カスタマージャーニー（顧客の行動の流れ）に沿った課題・機会の洗い出しなどは、フォーマットを使ってアウトプットしながら話す方がアイデアを出しやすくなります。またフォーマットを変えることで、普段と違った気分で議論に臨むことができ、議論が捗ります。

口頭だけのディスカッションだと、時間の都合により発言機会が限られるため、参加者の思考・アイデアを漏れなく共有することは困難。オンラインホワイトボードがあれば、各自の頭の中を漏れなくアウトプットできます。ほかのメンバーの言葉や考えが垣間見えることで、そこに触発されて、新しい気付きや発想につながることもよくあります。

アウトプットが残る

オンライン会議で議論しているだけだと、議論内容を後から整理したり、誰かが議事録を取ったりする必要があります。ホワイトボードツールを使うことで、議論や思考の過程を書き出しながら会議を進行でき、会議終了時には議論した内容がアウトプットとして残ります。もちろんかなり粗いものになりますし、参加者以外への説明資料としてそのまま使えることは少ないですが、議論に参加したメンバー内でのメモとしては十分。

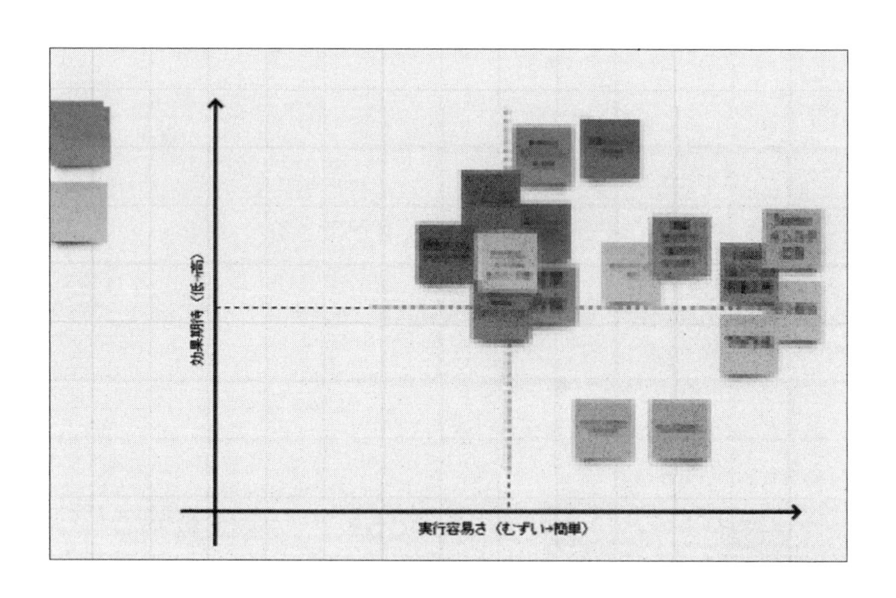

信頼関係を高めるチームビルディングの4つの取り組み

テレワークが当たり前の時代では、一度も対面で会ったことがない人同士がチームメンバーとして働く状況が増えてきます。飲み会やランチ会などができない状況でも、チームメンバーそれぞれがお互いの人となりを知り、信頼・信用できる関係性を構築していけるようなコミュニケーションの仕組みが必要です。

本章では、テレワーク環境におけるチームビルディングに有効なコミュニケーションの取り組みや工夫を紹介します。新たなチームをつくったときや新しいメンバーが入社したとき、半期締めのタイミングなど、節目ごとに本章で紹介する取り組みを行いましょう。

自己トリセツ（取扱説明書）をつくる

チーム内でスムーズな信頼関係をつくるための最初のポイントは、「自分がどういう人間か」をチームメンバーに伝えることです。そこで有用なものが、自己トリセツ（自分の取扱説明書）です。チームメンバーが決まったら、ぜひ最初に取り組みましょう。

What 自己トリセツは、自分の特徴・嗜好・歴史を書いた取扱説明書

自己トリセツは、自分の特徴・嗜好・歴史をまとめ、チームメンバーが見られるようにしたものです。
具体的には、次の項目を記載しています。

●自分のコミュニケーションスタイル
●好きなコミュニケーションスタイル
●苦手なコミュニケーションスタイル
●1日のライフスタイル
●生まれてからこれまでの経歴
●趣味・好きなもの
●これからの夢・目標（10年後の姿）

ポップインサイトでは、入社直後にこの自己トリセツを書いています。最初はどこまで書いたらいいのか迷う人もいて、後から加筆・修正することもあります。
Googleスプレッドシートや Googleスライドでつくると、更新・共有しやすいためオススメです。また人によっては書きたくないこともあるので、どこまで記載するかは各自の裁量に委ねています。

ポップインサイトメンバー　自己トリセツSheet！

※ご記入を始める前に、Sheet1の【SAMPLE（木島）】のご確認をお願いしますm(_ _)m

※Googleスプレッドシートでセル内改行するには、Ctrl+Enterキーです。

◇氏名
池田 朋弘

1.私の話し手としてのコミュニケーションタイプ	
必須	■早口（治すべく努力はしたいのですが、なかなか難しい…） ■最初に前提・目的などを明確にして話すタイプ ■文章だけだと冷たい感じかと思い、アイコンなどは多用 ■（ポジションの都合もあるが）建設的＆前向きと思われる ■1:1のほうが得意 ■目的のない雑談はあまり得意ではない

2.私が受け手として気持ちが良いと感じるコミュニケーション	
必須	■ポジティブ･建設的 ■ユーモアがある･ウィットに富んでいる ■前提や目的が明確な方がよい

3.私が受け手としてストレスを感じるコミュニケーション （私の取扱注意事項！みたいなテンションです） ※今後をより良くしていくためのものですので、 現状不快に感じている内容も遠慮なく書いて頂いて大丈夫です。	
必須	■ネガティブ･非建設的 ■言外でない ■論点や趣旨があまり明確でない

4.私の1日 ※他のメンバーに理解してもらいたいご家庭の事情がわかる内容がベストです。 ※しつこいですが、『言える範囲』の記述で大丈夫です。	
必須	~8:00 2人の子供に挟まれて寝る。よく起きて眠い 9:00 5歳娘を幼稚園に送りつつ、2歳息子を散歩に 10:00 2歳息子を保育園に送りつつ出社 10:00-18:00 内勤or営業アポで外出 19:00-24:00 内勤 24:00-26:00 スマホゲーム、読書など

5.私のBackground（出身地や家族構成等）	
任意	■1984年9月21日生まれ。 ■父親が転勤族のため、以下のように転々と過ごす。結果的に環境変化や前提変化が普通になる。 －~2歳：福岡 －~6歳：石川県金沢 －~10歳：横浜 －~15歳：鳥取 －~18歳：横浜 －以降、東京付近 ■3人兄弟の頂戴。妹が2人。 ■現在は妻＋子供2人（5歳長女、2歳長男）

6.私のHistory（幼少期から現在までの歴史的イベントピックアップ）	
	【幼少期~小学校】

Why 自己トリセツがあると、自己開示がしやすく、コミュニケーションのトラブルを予防できる

自己トリセツをつくることによるメリットを次に示します。テレワークだけでなく、オフィスで働くチームであっても有効です。

●コミュニケーションスタイルは人それぞれ
●ライフスタイルも全然違う
●自己開示を促進できる

コミュニケーションスタイルは人それぞれ

コミュニケーションスタイルを事前に伝えておくことは、コミュニケーションのトラブル予防に有効です。

社会人経験がないままにポップインサイトに入社した20代前半の女性がいました。その女性は自己トリセツに「敬語が苦手」と書いてありました。実際に打合せで話していると、確かに10歳以上年齢が上の社長の私に対しても「タメ口」で話しかけてくることがままありました。自己トリセツを読んでいなければ「おいおい、どうなってるんだ」と怒るところでしたが、事前に自己トリセツを読んでいたので、寛大な気持ちで許すことができました(もちろん注意はしましたが笑)。

また、私は非常に早口です。悲しいかな、生まれてから35年間で、早口と言われなかった日はないぐらい早口です。自分ではかなり意識してゆっくり喋っているつもりでも、まだ早口と言われます。ただ、社長だった私に対し、面と向かって「早口で聞き取れないです」とは言いづらい人も多いでしょう。
そのため自己トリセツで「早口で、意識しているがうまく治らない」と明言しています。この一言があることで、相手も「早口ですね笑」と茶化しやすくなりますし、「もう一度話してください」と言いやすくなります。

コミュニケーションスタイルは人それぞれです。お互いのスタイルを知ることで、コミュニケーションにおけるトラブルを大幅に予防できます。「彼を知り己を知れば百戦殆からず」です。

ライフスタイルも全然違う

お互いのライフスタイルを知ることでも、不必要なトラブルを避けられます。

ポップインサイトでは、子育てと仕事を両立している人が多く、とても忙しい日々を過ごしています。朝起きたらまずご飯を準備し、子供を送り出し、家事を片付けてようやく仕事開始。合間で洗濯や宅配便の受け取り。子供が帰ってきたら、宿題を見て、またご飯を準備し、お風呂に入れて、寝かしつけ。さらに、夜には幼稚園や学校からの対応をこなす。
このような状況は、異なる状況にいる人には、なかなか想像できません。想像できないと遅い時間に期日の厳しい依頼をしてしまい、「そんなの無理、先に言ってよ」となります。依頼した側の感覚としては「空いた時間にちょっと見るだけじゃん」と思うわけですが、依頼された側からすると「忙しい家事育児の合間に確認するのは無理」となるわけです。

またポップインサイトでは、持病のある方が何人もいます。急な体調不良が発生したり、突発的な入院が発生したりすることもあります。それにより、連絡が取りにくくなることがあります。

ライフスタイルをあらかじめ明示しておくことで、このような状況に対しても、お互いに苛立ちや不信感を持つことが予防できます。「忙しい中、依頼してしまって申し訳ない」「自分の状況を配慮してくれて有り難い」という気持ちになりやすくなるわけです。

自己開示を促進できる

ビジネス上のコミュニケーションではなかなか知る機会の少ないプライベートな一面が垣間見えると、親近感や興味を持ち、自己開示をするキッカケになります。

私自身でいうと、恥ずかしながら、中学高校と非常に暗い時期を過ごしました。勉強もスポーツもいまひとつで、あまり友達もおらず、思春期でありながら恋愛事情もさっぱり。いわゆる暗黒時代です。
そのような背景は自分としては恥ずかしいもので、普段あえて話す機会はあまりありません。しかしトリセツを見た人からは「実は自分も同じような時期があった」という共感を得ることも多く、暗黒時代を乗り越えた同志のような気分になり、「よくわかる。一緒に頑張ろう！」という気持ちになります。

スティーブ・ジョブズやラリー・ペイジの「師」と呼ばれるビル・キャンベルという方の考え方を紹介した『１兆ドルコーチ』という本では、以下の言葉が紹介されています。
「人を大切にするには、人に関心を持たなくてはならない」※
私自身もよく「相手の人となりや背景を知ることは、仕事上でのやり取りの寛容さを高め、仕事がしやすくなる」という話をしているのですが、まさに我が意を得るという名言です。人のバックグラウンドを知り、その人に関心を持つことができると、仕事上の細かなミスや能力不足に対しても優しくなれます。

自己開示の重要性はさまざまな書籍でも書かれていますが、「理解が深まることで警戒心が減り、好感を持ちやすくなる」と言われています。自己トリセツの一節が自己開示のキッカケになり、それが信頼関係の第一歩をつくるわけです。

How まずはリーダーがしっかり自己トリセツで自己開示しよう

自己トリセツをうまくチームに導入するためのポイントを次に示します。記入タイミングを決め、いつでも見られる状態にしましょう。

- **チームリーダーがまず自己開示する**
- **なるべく入社直後・チーム加入直後に記入**
- **いつでも自己トリセツが見られるようにする**

チームリーダーがまず自己開示する

自己トリセツの内容を充実させるには、ほかのメンバーの記入例が充実していることが大事。ほかのメンバーがしっかり記入していれば、新しいメンバーも記入しやすくなります。

ポップインサイトで自己トリセツを始めたのはメンバーが20人程度のときでしたが、私自身の暗黒時代の話もそうですし、イジメや退廃的な時代があったことなどをメンバーがかなりディープに書いてくれました。おかげで、その後に入社したメンバーも「このレベルで書いてもいいんだな」と安心感をもち、自己トリセツの段

※エリック・シュミット、ジョナサン・ローゼンバーグ、アラン・イーグル 著、櫻井祐子 訳『1兆ドルコーチ シリコンバレーのレジェンド ビル・キャンベルの成功の教え』(ダイヤモンド社、2019)pp.235.

階で深いレベルの自己開示がしやすくなりました(人によっては「ここまで書いてるのか…」とびっくりしている人も多いと思いますが笑)。

これから始める場合、まずはリーダーが率先して、これまで伝えていなかった面も含めて記入することをオススメします。

なるべく入社直後・チーム加入直後に記入

自己トリセツをつくるタイミングは、早ければ早いほど良いでしょう。特に入社・異動などで新メンバーが増えた場合、既存メンバーが新メンバーに一番関心をもつのは加入直後です。その関心が高いタイミングでトリセツがあることで、相互理解のキッカケをつくることができます。

ポップインサイトでは、入社直後に自己トリセツをつくるようにしていました。その上で、次節で紹介する「社員全員との相互1on1」で自己トリセツをお互いに確認するようにしていました。これにより、新入社員は「この会社にはどんな人がいるのか」を、既存社員は「新しい人はどんな人なのか」を早期に知ることができます。

新メンバーが加入したタイミングで自己トリセツを書いてもらうことをルーティン化しましょう。

いつでも見られるようにする

自己トリセツを見るタイミングは何度もあります。ふとしたタイミングで「この前、あの人とうまく話が噛み合わなかったけど、そういえばどういうタイプだったっけ?」と思い返すこともあります。その際に、自己トリセツがどこにあるかわからないと、せっかくの貴重な情報が活用できません。
コミュニケーションツールで「ピン留め」したり、ブラウザにブックマークさせたりしておき、すぐに見つけられるようにしましょう。

オンライン合宿をする

新しいチームができたときには、せっかくのスタートなので、「これからこのチームでやるぞ！」という華々しいオープニングを演出したいものです。そこで有効なものが「オンライン合宿」です。チーム全員で時間をとり、相互理解を深めるとともに、チームが目指す方向性・目標をしっかり共有しましょう。

What オンライン合宿は、全員参加型のワークショップ

オンライン合宿は、チームメンバーが普段の業務を離れ、しっかり議論するための全員参加型のワークショップです。「合宿」といっていますが、もちろんテレワークなので場所は異なりますし、実際にどこかに泊まるわけではありません。日常の業務ではなく、議論するための特別な時間、という意味合いで合宿という言葉を使っています。

ワークショップの進め方については、さまざまなやり方がありえますが、ここでは直近で私が行ったものを例示します。

1. 自己紹介
2. なぜ仕事をするのか
3. なぜこのチームは必要なのか
4. 意気込み

時間については、メンバーが2〜4名なら2時間程度、5~8名なら半日程度、さらに多い場合は1日程度をとれるとよいでしょう。

miroなどのオンラインワークショップツールを使うと、多人数でも議論がしやすい。

Why 一気にチームの信頼度を上げる

オンライン合宿を行う理由は以下の2点です。

- **●相互理解には「特別感のあるイベント」が有効**
- **●目的・目標は納得感が大事**

相互理解には「特別感のあるイベント」が有効

相互理解を行うには、「その人の深い部分（人生観、働く意味、将来の夢）」を知ることが有効です。これらを日業業務の場で共有するのはなかなか困難ですが、特別感のあるイベントとして議論する場を設けることで、普段は話さないプライベートな話題を開示しやすくなります。
日々の業務でのコミュニケーションを通じても相互理解はある程度進みます。しかし、そのコミュニケーションは業務についてのものがほとんどであり、「その人のコミュニケーションスタイル」などの理解には役立ちますが、「その人の人生」「その人の働く意味」「その人の将来の夢」などを改めて語る機会はほとんどないでしょう。
また、このような内容を話すのは、仲が良い友達関係であったとしても気恥ずかしいものです。ましてや社内の同僚と話すのは普段のコミュニケーションの延長線上では難しいでしょう。

あえて「普段は話さないことを語り合う場である」というセッティングをし、リーダーを中心としてしっかりと自己開示を進めることができると、半日程度の短時間であっても、相互理解が確実に深まります。

私が最初にオンライン合宿を行ったのは、ポップインサイトの営業チームが8人程度の規模になったときでした（本来は最初にやればよかったのですが、当時はまだこの発想がありませんでした）。
メンバーの1人が徳島県神山町に住んでいたため、出張ができるメンバーは飛行機で徳島に飛びました。家族の事情で難しい場合にはオンラインで接続する形式にしました。神山町にある会議室で、会議室に6人・オンラインで2人という体制でオンライン合宿を実施しました。
一人ひとりが「過去の経歴」「なぜポップインサイトに入ったのか」「将来どうありたいのか」といった、普段はあまり深く語らないことをそれぞれ語り、また質問をすることで、信頼関係を深めました。わずか半日程度の取り組みでしたが、それまで思いもよらなかった側面や、悩み、知らなかった人生の優先度を知ることができました。
この日を境に、チーム内の雰囲気がガラリと変わりました。提案や発言が非常にしやすくなり、新しい動きが早くなりました。

また私がメンバーズの執行役員になり、全社横断のマーケティングチームを立ち上げたときには、チームメンバーが揃った4月1日の初日にオンライン合宿を行いました。まだお互いの理解度が浅い状態でしたが、オンライン合宿を行うことで、初日ではありえないレベルでお互いの親近感を高めることができました。その結果、立ち上げ3ヵ月で強いチーム力を発揮することができ、期初に立てたKPIのいくつかを数倍以上で達成するなど、チーム成果に大きく貢献しました。

目的・目標は納得感が大事

チームとして成果を出すには、目的・目標に対する各自の「納得感」が重要です。

チームづくりの名著『THE TEAM』では、チームづくりの5つの法則ABCDEが提示されています。その最初の1つがAim＝目標設定です。

- **Aim：目標設定の法則**
- **Boarding：人員選定の法則**
- **Communication：意思疎通の法則**
- **Decision：意思決定の法則**
- **Engagement：共感創造の法則**

同書では「チームをチームたらしめる必要条件は共通の目的」であり、「今の時代は、チームがなんのために存在し、どんな影響を与えていくべきなのかという意義目標をすべてのメンバーが意識し、自発的に行動し、成果をあげるチームづくりが求められています。」という指摘があります[※1]。

またTEDトークで4,000万回以上の再生数を誇る名プレゼン、サイモン・シネック氏の「Whyから始めよ」[※2]でも、まず「Why＝目的」を理解することの重要性が説明されています。

※1 麻野 耕司『THE TEAM 5つの法則』(幻冬舎、2019)pp.30,45.　※2 https://www.ted.com/talks/simon_sinek_how_great_leaders_inspire_action/transcript?language=ja

「なぜアップルは、アップル以外のコンピュータ会社と異なるのか？　それはアップルがThink differentという同社のミッション・目的からすべての事業やプロダクトをつくっているからである」というのは示唆に富む考察です。
このプレゼンで提唱されている「ゴールデン・サークル」理論は、シンプルでありながらさまざまなシーンで使える視点です。もしまだご覧になっていないようであれば、ぜひ一度ご覧ください。

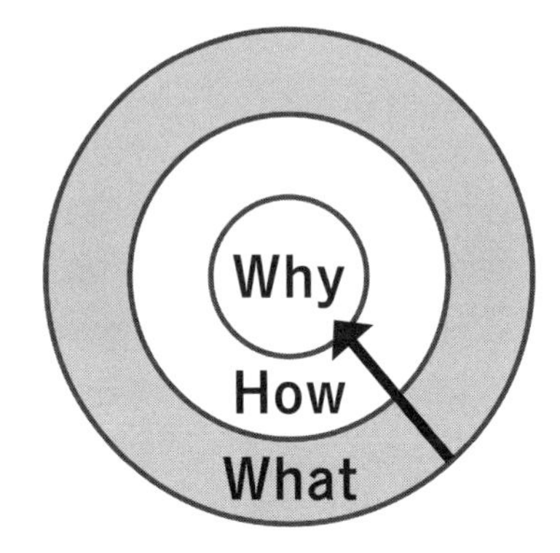

多くのプレゼンテーションの構成
外（What）から内（Why）へ向かう

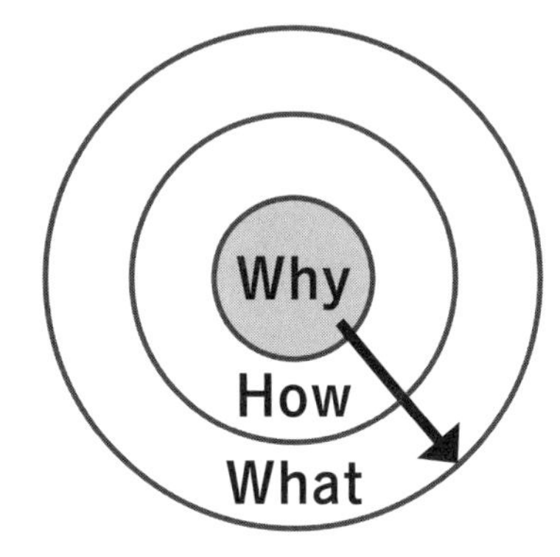

サイモン・シネックが提唱する構成
内（Why）から外（What）へ向かう

このプレゼンの中では「ほとんどの人は、What＝何をしているか、How＝どうやってやっているかはわかっている。しかし、Why＝なぜやっているかをわかっている人は非常に少ない」と指摘しています。

Whyへの理解と納得感をチーム全体で行うには、時間が必要です。売上やリード数などの目標を提示するだけならすぐにできます。しかし、なぜその目標を目指す必要があるのか、それは会社にとってどういう価値があるのか、その売上を実現するのはなぜなのか、といったWhyの理解には十分な議論と時間が必要です。
オンライン合宿で、メンバー各自がそれぞれの目標・業務に納得感をもつことができれば、日々の業務への意欲も格段に変わります。

How 目的を明確にした上で、各自の時間を確保する

オンライン合宿を成功させる上で、重要と思われるポイントは以下の通りです。また、私が実施した実例（資料・流れ）も示しておきます。

- **●相互理解・納得感醸成という目的を明確にする**
- **●一人ひとりの発言時間を用意する**
- **●一方的な発表でなく、質問によって深める**
- **●一度きりの開催でなく、定期的に行う**

相互理解・納得感醸成という目的を明確にする

進行テーマをしっかり考えないと「売上を上げるためのアイデアを出そう」「もっとリード数を増やすための工夫を考えよう」といった業務レベル・各論レベルの話に陥りがちです。また、短期的にはこれらのテーマの方が価値は高そうに見えてしまいます。

しかし先に述べた通り、この取り組みの目的は、相互理解と目的・目標への納得感の醸成です。チームの土台である相互理解と納得感がない状態で、最初から施策レベルの話をしても、得られるものは多くないでしょう。後述の実例なども参考に、これら2つの目的にフォーカスして進行しましょう。

（具体的なアイデアを出すためのワークショップは別途実施すべきですし、またそのためのテクニックなどはP.209でご紹介します）

一人ひとりの発言時間を用意する

2人以上の話し合いの場では、どうしても特定の人に発言機会が偏りがちです。アジェンダがしっかり決まっている会議であれば、進行役や各テーマの主担当に時間が偏るのは仕方ありませんが、オンライン合宿では相互理解が重要であり、誰かに発言を寄らせすぎるのはNG。1人1人の発表時間・発言時間をしっかり確保し、できるだけ等分に発言時間が確保できるように進行しましょう。

テーマによっては、いきなり話題をふられてもスムーズに話せない人も多いため、各テーマでは1人で考える時間をとり、その後に発表するような流れにするとよいでしょう。

一方的な発表でなく、質問によって深める

一人ひとりが発表する時間に加え、さらにその発表に対してメンバーが質問する時間もしっかり用意しましょう。発表を聞くだけの一方的な場では、なかなか納得感が醸成されません。それぞれの話に関心を持ち、その関心を質問という形で表現し、回答を聞いて理解と興味を深めるようなやり取りが必要。これらをしっかり行おうとすると、わずか数テーマのセッションであっても、何時間もの時間が必要となります。

一度きりの開催でなく、定期的に行う

オンライン合宿は一度行うだけでもチームの立ち上げには極めて有効です。しかし、チームの目的・目標も、チームメンバーの構成員も、またチーム各自の状況も変化します。「業績が締まった（四半期ごと）」「チームメンバーが増えた（減った）」などの変化のタイミングでは、改めてオンライン合宿を行うことを推奨します。

私のチームでも、メンバーが入れ替わるたびに、2時間程度の時間をとり、自己紹介を兼ねたオンライン合宿を実施しています。新たなメンバーの内容はもちろん面白いのですが、既存メンバーの心境や考え方が変化することもあり、これもとても興味深いです。
あるチームメンバーの例です。新部署が立ち上がった初日のオンライン合宿で「自分が仕事をする理由」といテーマでお互いに共有しました。彼女のその時点での理由は「働くのは嫌いではない」「お金が必要」という消極的な理由でした（このような理由でももちろん全く問題はなく「なるほどね」と肯定します）。
ところが2ヵ月後に新メンバーが入ったタイミングでもう一度同じテーマを話したところ「コミュニティを広げ、知らない世界を知り、成長するため」という理由に変化しました。彼女いわく「当時は過去の部署での取り組みなどで仕事へのモチベーションが正直下がっていたが、新たな部署での取り組みを通じて気持ちが前向きになり、だいぶ考え方が変わった」とのことです。
時間軸をもった相互理解を通じて、このようなチームメンバーの変化を知ることができるのは嬉しいものです（ちなみに彼女はフル在宅で、コロナの影響もあり、まだ一度も直接会えたことはありません。テレワーク環境においても、本書のようなさまざまな工夫を重ねることで、十分にこのような関係性を築けると確信しています）。

実際の例

直近で私が行ったオンライン合宿の内容を記載します。次の資料からわかるように、ほとんどの時間を「相互理解」「目的目標の納得」に使っており、細かな施策は話していません。

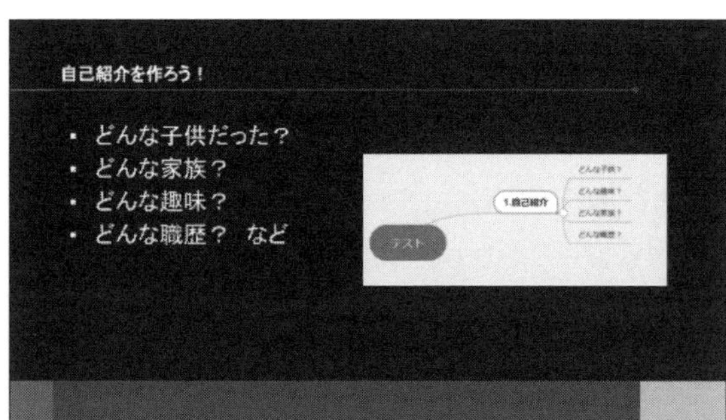

●最初のワークでは自己紹介をします。
●　準備に10分程度、その後の共有は1人5〜10分程度で行います。
●仕事面の話だけでなく、家族・子供時代・趣味などにもふれることで、各自のバックグラウンドを知ることができ、親しみやすくなります。

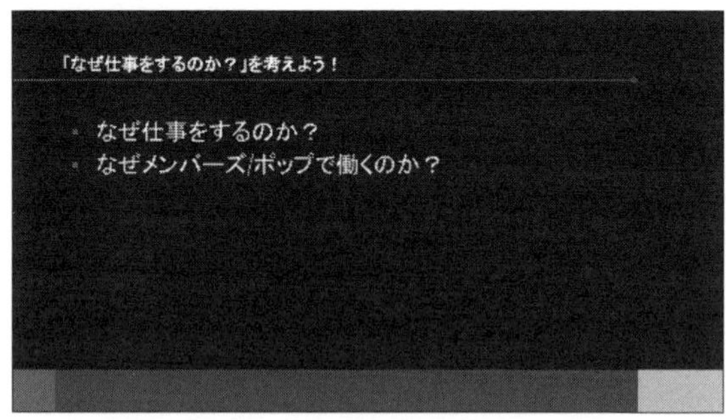

●2つ目のワークでは「なぜ仕事をするか」というテーマを考えます。
●　準備に10分程度、その後の共有は1人5〜10分程度で行います。
●チームメンバー各自の仕事のモチベーションを知ることで、仕事上の関わり方やタスクの振り方を考えるヒントになります。

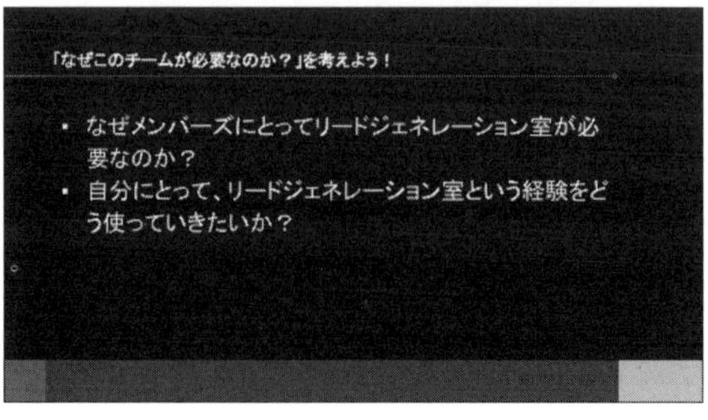

●このときは新部署の立ち上げ時のチームビルディングだったので、3つ目のワークで「会社におけるチームの意義」を考えます。
●準備に10分程度、その後の共有は1人5分程度で行います。
●ワークショップの前にチームの位置付け・意義などは伝えておきつつも、改めてチームメンバー一人ひとりが自分の言葉で意義を考えることで、理解を深めるとともに、モチベーションを高めます。

メンバー全員で相互1on1をする

お互いを理解する上では、やはり1対1での会話が必要です。同じチーム内であっても、1対1でしっかり話したことがない人は意外といるのではないでしょうか。特にテレワークでは、意図的に対話の機会をつくらない限り、普段話さない人と2人きりで話す機会はありません。
それを解決するものがチーム内での「相互1on1」です。チームができた直後のタイミングでは、できるだけ高頻度で行うことをオススメします。

What 相互1on1は、上司と部下で行うだけでなく、同僚同士でも行うマンツーマンの会話

相互1on1は、チームメンバー同士による1対1での会話の場です。1on1というと、通常は上司と部下で行うことが多いですが、この取り組みは同僚同士でも行います(上司と部下との1on1は別節でも取り上げます)。
時間は1回30分程度で、週1回〜隔週1回程度の頻度をオススメします。

お題は自由ですが、以下のようなトピックになることが多いでしょう。トピックに困るようであれば参考にしてください。

- **仕事の相談**
- **同僚の人間関係**
- **上司について(愚痴も)**
- **会社の方向性**
- **仕事外の趣味**

また入社直後などは、チーム内だけでなく、部署内・会社内などできるだけ広い範囲で行えるとよいでしょう。

Why メンバーそれぞれのつながりの太さが、チームの強さ

チームビルディングの一貫として相互1on1を推奨する理由を次に示します。

- **成果を出す組織は、チーム内のコミュニケーション量が多い**
- **上下だけでなく、横の関係も大事**

成果を出す組織は、チーム内のコミュニケーション量が多い

チーム内のコミュニケーションがフラットで満遍なく行われているチームと、マネージャー・リーダーなど特定の人に偏っているチームと、どちらが業務成果を出しやすいでしょうか。

『ハーバード・ビジネス・レビュー チームワークの教科書』で、MIT教授のアレックス・サンディ・ペントランドは、優れたチームにはコミュニケーションが重要であり、その条件として以下の3つが重要であることを明らかにしています※。

1. **コミュニケーションの「熱量」**
2. **チーム全体への「関与」**
3. **外の世界へと向かう「探索」**

2つ目に上げられている「関与」とは「チームの全員が、各メンバーとの間で均等に熱心なコミュニケーションを展開」している状況であり、このような状況に近いほどチーム業績が良いということです。

私自身もチームメンバーの相互1on1を通じ、この効果を感じています。
あるチームにおいては、相互1on1でチームメンバー同士が現状の課題と新たなアイデアを議論し、その議論結果を私のところに持ってきて「こういう取り組みをすべき」という提案をしてくれます。自分だけの考えではなく、メンバーがお互いに同じ課題感を持っていることがわかっているので、自信を持って提案してくれるわけです。また議論を経ていることで、単に独りよがりなアイデアではなく、筋の良い妥当な提案になりやすい。
相互1on1を通じ、チーム相互の関与度＝均等なコミュニケーションが促進されることは、同僚間での議論・アイデア出しにつながり、チームの業績アップにも寄与

※ハーバード・ビジネス・レビュー編集部 編、DIAMOND ハーバード・ビジネス・レビュー編集部 訳『ハーバード・ビジネス・レビュー チームワーク論文ベスト10 チームワークの教科書』(ダイヤモンド社、2019) pp.8-10.

します。

上下だけでなく、横の関係も大事

上司と部下との1on1も非常に重要ですが、果たしてこの1on1の中で部下側はすべての本音を上司に伝えることができるでしょうか？　主に上司の立場で1on1を行う私としては少し悲しいですが、残念ながら、部下が上司に伝える内容は多かれ少なかれ遠慮が入り、本心を伝えられないことも多いでしょう。上司には言いづらいことであっても、同僚同士の関係性であれば気軽に言えることが多いでしょう。

私自身のチーム運営においても、あるメンバーの課題や状況について、ほかのメンバーから教えてもらうことは非常に多くありました。
あるケースでは「チームメンバーのAさんが、後輩のBさんに対する指導の仕方に悩んでいる」ということを、Cさんとの1on1で教えてもらいました。これにより、私とAさんとの1on1でもBさんへの指示・スタンスについての議論を深めることができました。
また、別のケースでは「Dさんが家庭問題で悩んでいる」ということを、Eさんから教えてもらいました。確かにDさんの雰囲気の変化は感じていたのですが、どうも上司である私には、心配をかけたくないのか評価が気になるのか、あまり話したくないようでした。そこでEさんに「Dさんの相談にのってほしい」という依頼をしました。その後まもなく、雰囲気が改善しました。

このように、上下の関係だけでなく「横の関係」が生まれる仕組みをもつことで、チームの雰囲気づくりやフォローがしやすくなります。

?How 上司部下だけでなく、同僚同士でも行う

相互1on1をチームで行っていく上でのポイントを次に示します。

- **●相互1on1の意図は伝える**
- **●定例化する**
- **●上司はできるだけ干渉しない**
- **●入社タイミングでは、チーム外でも相互1on1をする**

定例化する

相互1on1は、単発の取り組みではなく、できるだけ週1回〜隔週1回程度で定例化しましょう。各自の状況や感情は常に変化しますし、信頼関係を構築するためにも頻度・回数が重要になります。
心理学では「単純接触効果」という概念があります。何度も繰り返し接することで、好感度や印象が高まる効果を指します。私自身の感覚としても、はじめのうちの1on1はぎこちないですが、数を重ねるごとにお互いの共通話題・共有経験が増え、「そういえばあの話はどうなった？」と会話がスムーズになります。

上司はできるだけ干渉しない

同僚同士（部下同士）の1on1の内容は、上司は干渉しない方が良いでしょう。1on1の内容を事後に報告させるなど、不必要な介入があると、安心して会話がしづらくなります。信頼関係が構築されれば、不必要な干渉をしなくても、上司が知るべき情報は自然に共有されるはずです。

相互1on1の意図は伝える

干渉しない一方で、せっかく貴重な業務時間を使うわけなので、ただの雑談にならないよう、相互1on1の目的は伝えておきましょう。目的は「お互いを理解し、相談しやすくすることで、業務成果や仕事のしやすさにつなげる」ということです。このような目的を共有しておくことで、プライベートの雑談だけでなく、仕事の相談や会社に関する提案などにも発展します。

入社タイミングでは、チーム外でも相互1on1をする

相互1on1はチーム内で行うものですが、入社直後のタイミングでは、チームに限らずできるだけ広い範囲で1on1を行うことをオススメします。

ポップインサイトでは、当時すでに40人程度の社員がいましたが、入社直後には全員と1on1（30分）を行うようにしていました。毎週5人ずつやっても1~2ヵ月かかりますし、工数にすると40時間程度の投資になります。しかし、この取り組みを行っておくことで、他チームのメンバーの人となりをある程度知ることができ、その後のコミュニケーションを円滑に取りやすくなります。
前述した「自己トリセツ」をこのタイミングでお互いに読み合うことも有効です。

チームの行動指針をつくる

自己トリセツ、オンライン合宿や相互1on1で、チームメンバー同士でお互いのバックグラウンドや考え方・人となりを知ります。相手を知ると「自分とほかの人はバックグラウンドが全く異なる」という事実がわかります。バックグラウンドが全く異なる人と一緒に働くわけですので、当然トラブルが起こったり、スムーズに進まなかったりします。
そこで重要になるものが、それぞれバックグラウンドが異なる人同士が一緒に仕事をする中で、共通の基盤になる「行動指針」です。

What 行動指針は、チームメンバー全員が守るべき規範

行動指針は、チームメンバー全体が共通して重要視すべき規範です。「時間を守る」といった具体的なものでもよいですし、「誠実である」「仲間を大事にする」といった抽象度の高い方向性でもよいでしょう。

ポップインサイトでは、以下のような行動指針を定めています。

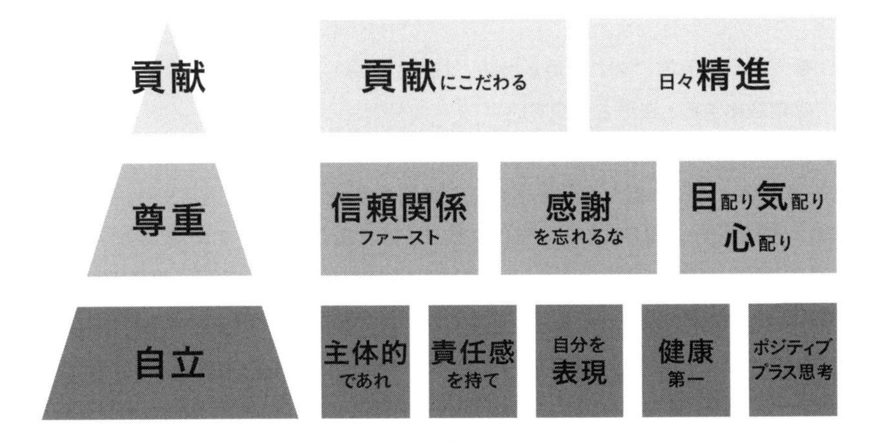

またメンバーズでは「コア・バリュー」として、以下の項目を定めています。

コア・バリュー

ミッションや経営指針の根底にあるのが、メンバーズならびに社員のあらゆる活動の中核となる4つの共通価値観（コア・バリュー）、「貢献」「挑戦」「誠実」「仲間」である。

貢献	挑戦
誠実	仲間

上記は「会社」として定めた行動指針・価値観です。皆さんの会社に行動指針・価値観があり、これらの内容がマネージャー・メンバーの共通認識として必要十分なものになっていれば、会社のものを活用するとよいでしょう。

一方、会社全体の行動指針・価値観がなかったり、あったとしても抽象的すぎてそのままではチームコミュニケーションを円滑にできなかったりする場合には、チーム独自で考えても良いでしょう（会社全体のものがある場合には、もちろんそれらと相反しないよう「より具体化・拡張したもの」にすべきです）。

?Why 多様性の中にも規律を求める

行動指針を定める理由は2つあります。

- **●人は十人十色。「当たり前」「当然」は通用しない**
- **●言語化すると浸透させやすい**

人は十人十色。「当たり前」「当然」は通用しない

人は一人ひとり異なります。小学校など、同じ地域・同じような環境で育った子どもたちが集う場であっても、その個性は多様です。まして会社は、教育環境・家庭環境・職務経歴などがすべて異なる人達が集う場となります。

それがさらにテレワークになれば、職場環境ですら異なります。当然ながら、メンバー一人ひとりの価値観や考え方も全く異なります。ある人にとっての「当たり前」は、別の人にとっては「当たり前」ではないわけです。

一方で、チームとして同じ方向を向いて仕事をするためには、一人ひとりが異なることが前提で、「当たり前」の共通感覚をもった方が圧倒的に効率は上がります。

行動指針を定め、それを共有することは、円滑なコミュニケーションや仕事を進められる土台づくりには必要不可欠。

私がポップインサイトを経営している時に、こんな事件がありました。
当時はまだ渋谷にオフィスがありました。私が営業で外出していると、何人かのメンバーから「Aさんが怒っているが大丈夫か」という連絡が入りました。Aさんは古参のメンバーです。うまくいかない仕事があり、オフィスで仕事をしつつ、不平不満を口に出していました。それを見たメンバーが不安になったということです。
その話を聞き、私は思いました。「周りに人がいるのに、先輩がわざわざ職場で文句を言うなんて、周りに迷惑。そんな当たり前のことも考えられないのか」と。帰社して、Aさんにそのことを伝えようと思いました。
しかしそこで気づいたことは「それは果たして本当に当たり前と言っていいのか」ということでした。私からすれば「周りに気を使おう」というのは至極真っ当な発想でしたが、Aさんからすればまた別の理屈があり、それは当たり前ではないのかもしれません。
そこで、まずは事情を聞いてみることにしました。するとAさんとしては「職場は親しい仲間がいる場で、感情を出すことは問題ないのでは」という見解でした。私とは異なる考え方ですが、その捉え方自体を絶対的に否定するのも変だなと思いました。
そこでまず、「『職場は公共の場であり、周囲への配慮は重要』という考え方もあるが、どう思うか」という前提を揃えることにしました。この前提を握った上で「であれば先ほどまでの態度・行動はおかしいと思うがどうか」という指摘をし、今後是正してもらうことで合意をとりました。一方的に指摘をしたわけではないので、Aさんの反応も穏やかでした。
この事件をキッカケに「誰かに指摘をする際にも、"当たり前"が人によって違う以上、共通見解がないとそもそも合理的に説明することができない」ということを再認識しました。そこで会社としての行動指針作成に着手したのです。
ちなみにこの時に合意した前提は、今では「目配り、気配り、心配り」というキーワードでポップインサイトの行動指針に残っています。

言語化すると浸透させやすい

一昔前であれば、行動指針は、わざわざ言葉にしなくても、長時間ともに行動する中で伝えるものだったかもしれません。「背中で育てる」という発想です。終身雇用、長時間労働、飲みニケーションなどが前提の時代であれば、それもありえると思います。
しかしもはやこれらが通じる時代ではありません。転職は当たり前ですし、労働規制やメンタルケアなどさまざまな文脈から時間規制が強く求められ、またテレワークにおける飲みニケーションは特別なときに限定されます。

リクルートでさまざまな企業の戦略・人事制度を支援された太田芳徳さんは『決めるマネジメント』の中でこう指摘しています。
「今日では過去の時代と比べて、マネージャーとメンバーが共に過ごす時間は大幅に減っている」「「背中を見せて育てる」上で必要不可欠な、「以心伝心」は機能しないのだ」
『決めるマネジメント』が出版されたのは2009年。ほとんどの企業がテレワークを検討すらしていない時期です。コロナによってそもそも出社自体が制限され、新卒研修ですらもリモートで行う時代においては、なおさら行動指針の言語化が必須といえます。

行動指針を言語化すると、組織やチームへの浸透が早くなります。もちろん、ただ言葉にして策定しただけでは、チーム全体の意識を変えることはできません。しかし、言葉にせず「雰囲気を察しろ」「空気を読め」に比べれば、圧倒的に伝えやすいです。

How チーム全体でつくり、日々の業務で使う

行動指針をつくり、チーム全体に浸透させて行く上でのポイントを次に示します。

- **一人でつくらず、メンバーと共創する**
- **毎週テーマを決め、取り組みを発表する**
- **表彰制度と連動する**

一人でつくらず、メンバーと共創する

行動指針は、会社・チームでの共通ルールです。会社やチームリーダーが独裁的に決めることもできますが、既存のメンバーがいる中で、上層部が一方的に決めた行動指針では抵抗感が大きいでしょう。行動指針は関係者全員で議論し、合意と

理解を重ねながら策定していくべきです。また一度決めたものを固定にするのでなく、定期的に見直しの議論をするのも良いでしょう。

とあるベンチャー企業では、すでに数百人を超える社員がいましたが、会社の行動指針を定期的に見直していました。それだけの人数がいれば、経営陣や一部の人間だけが集まって決めてしまう方が効率的でしょう。しかしその会社は、社員全員を巻き込んで、見直しの議論を進めています。
まずチーム単位で議論し、その結果を集約しながら徐々に共通ルールをつくっていきます。人数も多いので、議論に相当な時間を使っていますが、「会社をつくる上で重要な投資」と位置づけているわけです。その会社は今では上場を果たし、上場以降も大きく成長を続けています。社員一人ひとりが自分たちで行動指針を決め、それにしたがって日々の業務に懸命に取り組むわけですから、それがない会社に比べて競争力が高いことも納得です。

毎週テーマを決め、取り組みを発表する

行動指針は定めてからが本当のスタートです。一人ひとりが考え方をしっかり理解できるように、定期的に振り返る必要があります。

世界的なホテルチェーンのリッツカールトンでは、「クレド」と呼ばれる行動指針を定めています。クレドを全従業員に浸透するため、毎日テーマを選び、朝礼の中でそのテーマに関するエピソードや考え方をチームで発表し議論しています。これにより、クレドを単なるお題目ではなく、従業員全員が深く理解でき、日々の行動でも使える価値観として浸透させています。余談ですが、妻の誕生日にリッツカールトンを一度利用したのですが、予約対応・当日対応ともにとても気が利いており素敵だったことを覚えています。

ポップインサイトでも、似たような取り組みを行っていました。毎週テーマを決め、月曜日の全体朝会の前に各自の取り組みを共有してもらい、その中で特に参考になるものを全体発表してもらっていました。また、発表内容はスプレッドシートに転記し、行動指針ごとの具体的なエピソードとして蓄積していました。行動指針に具体例が蓄積されることで、既存メンバーだけでなく新メンバーにもポップインサイトならではの価値基準が伝わり、浸透しやすくなっていくと期待しています。

行動指針.xlsx

ファイル　編集　表示　挿入　表示形式　データ　ツール　アドオン　ヘルプ　最終編集: 2019年10月28日

100%　¥　%　.0　.00　123　メイリオ　11　B　I　S　A

悩むと考えるは違うことを意識して、悩んだら早めに相談し、考えるときは検索や本からの情報収集を時間を決めておこなうようにしました。

	A	B	C
3	信頼関係 ファースト	9/17	始まったばかりの案件はまだお客さんとの信頼関係が出来上がっていないため、メールだけでなく電話等も使ってコミュニケーションを図り、信頼感の構築に努めました。
4	信頼関係 ファースト	9/17	なんZOに意識的にinし、話しかけやすい環境づくりをしました。 また、メンバーのtimesで「これはどうしたらいいのか？」というつぶやきは、できるだけ何か役に立ちそうなコメントをするようにしました。
5	信頼関係 ファースト	9/17	親しき中にも礼儀あり、特に開発内のMTGで気が緩みがちだということに気づき反省した1週間でした。 信頼関係は構築するのは難しいが崩すことは簡単なので、これからも気を引き締めようと感じました。
6	感謝	8/26	先輩方からいただくフィードバックやアドバイスに日々感謝し、 はじ調チェックやタイムズでのアウトプット等、自分なりに 貢献できるような行動を意識し実践いたしました。
7	感謝	8/26	運用チームの皆さんはもちろんですが、JPの関連でご相談に乗っていただける開発チームや、インターン・業務委託関連でも快くご協力いただけるBOチームの皆さんにも感謝しています。 感謝をするのはもちろんですが、チームを超えた連携をもっとできるようにしていきたいと思います。
8	感謝	8/26	感謝の気持ちを伝えるようにし、アイコンも活用しました。 自分がしてもらえて嬉しかったことを、自分も実践していきたいと思います。
9	主体性	7/29	営業も主体的に行えるよう、情報共有を求めに動き始めました。
0	主体性	7/29	常に自分のPJだという意識を持ち、次に必要なアクションを考えながら動いています。
	日々精進	7/22	案件で初めて英語でのオンラインインタピューを行っています。

表彰制度と連動する

行動指針は、メンバー全員が共通理解し、守るべき規範であるとともに、会社として「こうであってほしい」という要望でもあります。行動指針を強く体現してくれるメンバーは、会社・チームとして理想の人物像です。それを強くアピールするため、表彰制度などと連動することも有益です。

ポップインサイトでは半期に1回の全社会議において「ポップインサイトAWARD」という表彰を行っていました。その中では、優れた業績・成果を出したことに並べて、行動指針を体現したメンバーも表彰していました。
またこの表彰対象は、経営者やマネージャーではなく、各メンバーからの投票にとって決めていました。投票することで、投票者自身が「なぜこの人が良かったか」を考えるキッカケにもなりますし、投票された側は「そんなふうに評価してくれている」という喜び・気づきにもなります。

業務をスムーズに進めるための11のコツ

テレワークで業務を進めていると、つい自分の作業に没頭し、チームの誰ともコミュニケーションを取らずに時間が過ぎてしまった、ということが起こります。チームとして長期的に協働していくためには、日々の業務内で適度なコミュニケーションを取ることが不可欠。

またテレワークでは、会議以外のほとんどのコミュニケーションが、チャットやメールでの文章主体になります。口頭コミュニケーションに慣れていると、なかなか文章でスムーズにコミュニケーションが取りづらい人もいます。

本章では、業務中のコミュニケーションをスムーズにしていくための心構えや仕組み・考え方を紹介していきます。すべてを完璧に行うことは難しいと思いますが、部分的にでも取り入れていくと、リモートでのコミュニケーションが円滑になるでしょう。

文章リテラシーを上げる

テレワークになると、これまでの口頭中心のコミュニケーションから、文章中心のコミュニケーションになります。「テレワークがやりにくい」と感じる大きな理由の1つは、文章コミュニケーション力不足によるものでしょう。テレワーク環境で仕事を進めていくには、文章リテラシーの向上が必須です。

What 文章リテラシーは、文字ベースで円滑にコミュニケーションを行う能力

文章リテラシーとは、チャットやメールなどで文章を使い、円滑にコミュニケーションを行うための能力です。リテラシー（literacy）は、もともと「読み書きの能力」という意味の英語です。ITリテラシーなど「○○リテラシー」という言葉にすることで、「○○をする能力」と意味で使われます。文章リテラシーだと同語反復のようなニュアンスになってしまいますが、文章であることを明示するため、あえて重ねています。

テレワークにおいて重要な文章リテラシーを次に示します。

- **自分の伝えたいことを文章で伝えられる**
- **伝えたいことをできるだけ短い文章にできる**
- **相手の文章の意味を齟齬なく理解できる**
- **相手の文章の不足点を的確に質問できる**
- **文章で伝えるべきものと、文章以外で伝えるべきものを判別でき、画像・映像・オンライン会議など、最適な表現手法を選択できる**

Why コミュニケーションの多くが口頭から文章に

テレワークで文章リテラシーが重要になる理由を改めて整理します。

- **メインのコミュニケーション方法が口頭から文字になる**
- **非同期コミュニケーションが増える**
- **多人数への情報伝達には口頭より文章が効率的**

メインのコミュニケーション方法が口頭から文字になる

テレワークのコミュニケーションの中心は、チャット・メールです。グローバル企業やオフショア企業など、そもそもテレワークにならざるを得ないチームでは、チャットやメールでのコミュニケーションが非常に発達しています。

テレワークにおいて、文章リテラシーが低いということは、コミュニケーション力が低いということです。
ポップインサイトでは、採用時のチェックポイントとして、メールやチャットでのコミュニケーション力を重視していました。特にチャットでは、短時間で文章のキャッチボールを行う必要があり、かなり高い文章力が求められます。入社前にSlackチャンネルを設け、1週間程度のやりとりを通じて、入社後にスムーズに馴染めそうかどうかの参考にしていました。

10年以上もリモートワークが続いている37signalsでも採用基準として文章力を重視してます。『リモートワークの達人』でも「リモートワークには、文章力が欠かせない」「あなたが採用する側の人間なら、候補者の文章力を判定基準に入れたほうがいい」とストレートにアドバイスしています※。

これからの時代、文章でのコミュニケーション力は、口頭でのコミュニケーション力以上に重要視されてくるでしょう。

非同期コミュニケーションが増える

非同期コミュニケーションとは、情報の発信タイミングと受信タイミングが異なるコミュニケーションのことです。反対に同期コミュニケーションは、電話やオンライン会議など、同じ時間を共有したリアルタイムなコミュニケーションです。

テレワークの良さの1つは、周りに人がおらず、ノイズが少なく、自分のペースで集中しやすいことです。何でもかんでも電話や会議で時間を奪ってしまうと、この大きな利点をなくしてしまいます。そのため同期コミュニケーションは最小限にし、非同期でもスムーズにコミュニケーションを行えることが、テレワークでの生産性を高める秘訣になります。

非同期コミュニケーションの主たる手段は当然ながら文章です。文章であれば、

※ジェイソン・フリード、デイヴィッド・ハイネマイヤー・ハンソン 著、高橋璃子 訳『リモートワークの達人』(早川書房、2020) pp.171.

相手の都合とは関係なくいつでも情報を発信できますし、受信者側も自分の都合の良いときに確認できます。文章力を上げることは、自分ならびにチームメンバーが集中できる環境をつくることにもつながります。

多人数への情報伝達には口頭より文章が効率的

チームでは、規模が大きくなればなるほど、コミュニケーション量が増えます。ある情報を伝えるときに、一人ひとりに個別で伝えることは非常に手間がかかります。オンライン会議などで全員を集めて伝えることもできますが、全員が集まるタイミングは朝会・定例会など限りがあるため、何でもかんでも口頭で伝えるわけにはいきません。

文章であれば、全員に一括送信したり、コピー＆ペーストで一部をカスタマイズしたりして簡単に共有できます。

世界的ベストセラーの『サピエンス全史』では、なぜ現人類＝ホモ・サピエンスが、ほかの動物や人類と比べ、このような発展した社会を構築できたのかという問に対し、「人類は想像上の秩序を生み出し、書記体系を考案することによって」と考察しています※。書記体系とはすなわち文字です。

文字を使ったコミュニケーションを編み出したことで、より多くの人に、時間軸を超えて、情報を伝える手段を獲得し、それがホモ・サピエンスの社会構築の礎になったと看破しています。

文章による情報伝達は、我々人類の社会の礎となった重要なツールであり、チーム運営においても活用しない手はありません。

?How わかりやすい文章を真似る。パターンを習得し、文章化に慣れる

チーム全体および個々人として文章リテラシーを向上していくためのポイントを整理します。

- **●すべての情報を文字化する**
- **●文章化前に、伝えるべき内容を整理する**
- **●長文でなく、箇条書きを活用する**

※ユヴァル・ノア・ハラリ 著、柴田裕之 訳『サピエンス全史（上）文明の構造と人類の幸福』（河出書房新社、2016）

- **わかりやすい文章を真似る**
- **記号を使い、文章構造を明確にする**
- **文章構造のパターンを知る**
- **テンションを高めにする**
- **意図も併記する**

すべての情報を文字化する

文章リテラシーを上げるには、とにかく練習あるのみです。次のようなケースで伝えたいことを文章にしていきましょう。

- **ミーティングで伝えるべきこと**
- **朝会で話したいこと**
- **1on1で伝えたいこと**

文章が苦手な人は、どうしても「ちょっと電話で相談してもいいですか」となりがちですが、一度文章をつくり、その後に電話で補足するという順番にしましょう。

文章化前に、伝えるべき内容を整理する

文章がうまく書けない理由の1つは、そもそも伝えたい内容が整理されていないこと。文章は、伝えたいことを表現する手段です。伝えたいことが明確でないと、わかりやすい文章はつくれません。もし文章がうまく書けないと思ったら、そもそも何を伝えたいのか、を考えましょう。

伝えるべき内容を整理する方法として、次の2つをオススメします。
1つ目は、独り言として喋ってみることです。私自身も、プレゼン内容や会社全体へのメッセージをつくるときには、文章をつくる前に、部屋で一人プレゼンをします。言葉に出すと、伝えたい内容が自然と整理されます。
2つ目は、紙に書くことです。きれいな文章ではなく、キーワードや図など、雑なもので大丈夫です。伝えたいことを単語や絵で紙に書くことでも、考えがまとまっていきます。

長文でなく、箇条書きを活用する

文章を書く際に、長々と続くポエムのような長文をつくる人がいますが、何を言いたいかが分かりづらいため、ビジネスにおける文章コミュニケーションとしては避けるべきです。むしろ、多少拙くても、言いたいことを箇条書きで端的に書く方が良いでしょう。

箇条書きであれば、一つひとつの文章は短く書きやすいですし、見る側も読みやすい。言いたいことをまずは箇条書きにし、それぞれに補足があれば追加していくだけで、構造も整理され、わかりやすくなります。

わかりやすい文章を真似る

学ぶことは「真似る」ことです。上司、先輩、クライアントなどとの文字コミュニケーションを通じて、わかりやすかったもの・良いと思った点は、自分の中に取り入れましょう。

前述した『リモートワークの達人』でも、採用において文章力を重視する一方で「文章力に自信がない人も、落胆しないでほしい。練習すれば、文章はうまくなる」「文章がうまくなる方法はただひとつ、読むことだ。上手な文章を読みまくって、いいたいことを伝える方法を研究しよう」と勇気づけられるアドバイスをしています※。

記号を使い、文章構造を明確にする

記号を活用し、「見出し」「段落」をわかりやすく工夫するだけでも、文章が伝わりやすくなります。私自身は次の記号を活用しています。「メールの内容がわかりやすい」とよく言われますが、ご覧の通り、実は大したことはしていません。ぜひ皆さんもご活用ください。

記号	意味	備考
■	見出し１	最も大きなトピックに使う
●	見出し２	大きなトピック内の小項目に使う
――――――	見出し強調線	文章が長い場合、見出しの箇所を明確にするため、見出し１・２の下に入れる 文字入力ツールの辞書ツールで「よこ」といれると変換できるようにしている

※ジェイソン・フリード、デイヴィッド・ハイネマイヤー・ハンソン 著、高橋璃子 訳『リモートワークの達人』（早川書房、2020）pp.173-174.

文章構造のパターンを知る

わかりやすい文章をつくるコツは、よく使う文章構造のパターンをもつこと。

私自身がよく使うパターンは「論点→前提・背景→主張・選択肢→理由」という流れです。具体例を次に示します。

■新しい広告サービス活用について

A社の新しい広告を利用したく、ご相談させてください！

●背景
・既存の広告施策だと、目標数値に到達しなそう
・予算は月○万が残っている
・獲得単価は○万円/件は維持したい

●相談
・A社の新広告（月○万）を8月から利用したい
　→広告の詳細は添付ファイルをご参照

●理由
・予算内で実施可能
・期待獲得単価は○万/件で水準を満たす
・風評被害などのリスクもなさそう

■運用キャパシティについて

現状の○○の運用体制でリソースが足りておらず、対応方法をご相談させてください！

●背景

・○○の運用は現状2人月
・2人の残業状況は規制ギリギリでこれ以上の対応は厳しい
・効率化は一定着手しており、大きな改善は見込めない

●選択肢と提案：個人的にはA案がいいと思ってます

・【推奨】選択肢A：人を増やす
　→要求スキルは新卒2年目程度。他部署で稼働余りの話もあり、人選は容易そう
　→運用コストが月○万程度上がるが予算内で収まる見込

・選択肢B：運用内容を減らす
　→施策を減らすことが運用ボリューム削減は可能
　→ただ、現時点で施策を減らすと先々の営業成果にネガティブ。取捨選択もまだ困難

・選択肢C：アウトソーシング先を検討する
　→個人情報を扱う必要があるので厳しいか（何とかならないことはない）
　→またコスト面も選択肢Aの方が優勢（おそらく月額2倍程度は差が出る）

「前提・背景」は、相手の理解度によって位置を変えます。相手がすでに状況を認識している場合は結論（主張）を後に書くこともありますし、理解されていない場合は先に置くこともあります。

テンションを高めにする

文章コミュニケーションは、直接会話するよりも、やや冷たい印象を与えがちです。「ありがとうございます。」といった一見問題ない文章でも、他人行儀のような印象になってしまいます。
いい雰囲気を出すには「テンション高め」を意識しましょう。以下はテンションを高くした例です。△の例では「厳しい」「怒っている」という印象を与えます。一方で◯の例では、気軽な優しい印象を与えます。

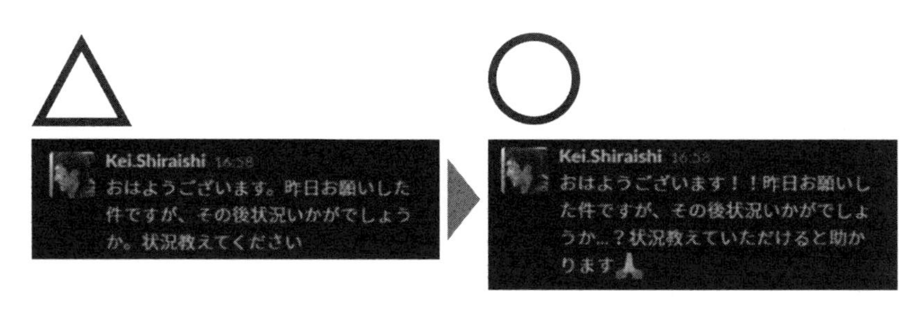

意図も併記する

テンションを高めにする意識に加えて、質問・要望をする際には、その意図（目的・背景・理由）もできるだけ併記しましょう。文章ベースだと、意図がわからない場合に、聞き直したり確認したりするのに時間がかかります。また意図が伝わらないことで、筋違いの回答をされてしまう可能性も高まります。目的・背景・理由がわかると、より適切な回答をしやすくなります。

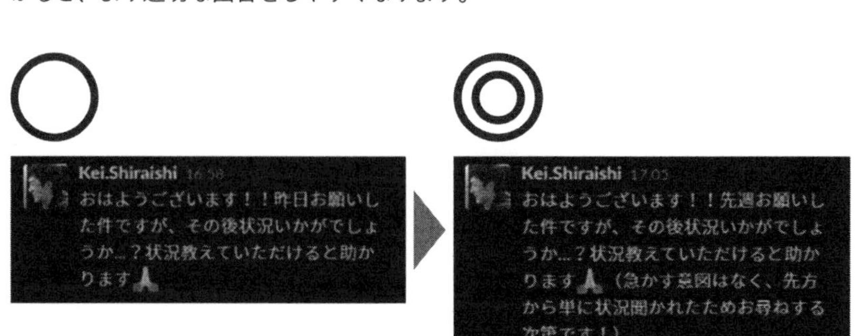

チャット活用リテラシーを上げる

テレワークでの社内・チーム内のコミュニケーションは、メールからチャットに移行しています。チャットをうまく活用できることは、コミュニケーション力を高めることに直結します。そこで、文章リテラシーと同時にチャット活用リテラシーも高める必要があります。

What チャット活用リテラシーは、チャットメインのコミュニケーションツールを効率的に使いこなす能力

チャット活用リテラシーは、Slack・Microsoft Teams・Chatworkなどのチャットメインのビジネスコミュニケーションツールを活用する能力です。

具体的な能力を次に示します。詳細はHowにて説明します。

- **ツールの機能を知り、活用する**
- **情報の受け手側の状況も知り、情報を受け取りやすくする**
- **チャットに蓄積されるコミュニケーション情報が利用・再活用しやすくする**

Why コミュニケーションはメールからチャットに

チャット活用リテラシーが重要になる理由を次に示します。

- **社内コミュニケーションはメールからチャットツールに**
- **チャットツールの活用力次第で、チームのコミュニケーション力に大きな差がつく**

社内コミュニケーションはメールからチャットツールに

チーム内コミュニケーションにおいて、ビジネスチャットツールが急速に広がっています。メールとチャットを比較すると、どちらのほうが気軽にコミュニケーションが取りやすいか、その差は歴然としています。メールは、送信の手間・不必要な定型句などが必要になりますが、チャットならそれらがすべてなくなり要件のみを端的に伝えられます。また過去のログも残しやすかったり、公開範囲を指定できた

り、コミュニケーションがしやすくなる工夫が満載です。

国内のビジネスチャットツールの雄であるChatwork社の2020年12月期第1四半期決算説明資料によると、日本のビジネスチャットの状況は次の通りです※。

- **普及率：日本では24%程度だが、アメリカでは67%である**
- **成長率：国内のビジネスチャット市場は2017年では62億円だが、毎年30%ずつ成長し、2022年には230億円になる**

世界最大のビジネスコミュニケーションツールであるSlackの時価総額は2兆円にも上ります。日本において時価総額2兆円を超える会社は100社に満たず、企業としても富士フイルム・パナソニック・セコム・イオンなど「生活を支える社会インフラ」といっていいレベルの企業群です。いかにビジネスコミュニケーションツールの存在感が大きいかがわかります。

コロナにより、ビジネスチャットツールの成長ペースはますます加速するでしょう。まだチャットツールが導入されていないというチームがあれば、早々に導入を検討すべきです。

チャットツールの活用次第で、チームのコミュニケーション力に大きな差がつく

これらのツールを活用できるかどうかで、チームのコミュニケーション力に大きな差がつきます。

チャットツールに不慣れな人は、次の行動をとりがちです。

- **なんでも個別メッセージで質問する**
- **誰に質問しているかがわかりづらい**
- **指示語が多く、何を指しているかわからない**
- **同じ質問を何度もする**

不必要なコミュニケーションが多いチームと、次のHowで紹介するポイントをおさえて効率的かつ再利用性の高いコミュニケーションが取れるチームと、どちらの生産性が高いかは自明です。チーム全員がチャット活用リテラシーを高めることで、コミュニケーションのボトルネックをなくしましょう。

※https://contents.xj-storage.jp/xcontents/AS04681/814a8953/b4cf/4dc5/adfb/09aefcdb660c/140120200514414256.pdf

How リアクション徹底とオープン化を意識しつつ、基本機能を使いこなす

チームのチャットリテラシーを向上していく上でのポイントを次に示します。ビジネスチャット独自の機能やクセを理解して使いこなしましょう。

- **リアクションを徹底する**
- **できるだけすべてオープンにする**
- **チャンネル作成のパターンを知る**
- **メンション(名指し)を使う**
- **直接URLを貼る(ファイルを送る)**
- **スマホ閲覧を意識する**
- **「後から検索」しやすくする**
- **固定欄(概要・ピン留め・タスク)を活用する**

リアクションを徹底する

チャットコミュニケーションと口頭コミュニケーションで大きく差が出るのが、リアクションです。チャットに慣れている人は、さまざまなチャット内容に対して、絵文字・文章を活用し、適切なリアクションがとれます。一方、チャットに不慣れな人だと、あまりリアクションがとれません。

リアクションがない人も、おそらく悪意はなく、「チャット内容をみて、わざわざ返信はしてないけど、自分としては了解したんだよ」という状況が多いでしょう。しかしリアクションをしないと、発信者は「そもそもまだ見てないのか」「見てOKなのか」「見てNGなので指摘しようとしているのか」が全くわからず、不安になります。

オフィスで直接会話しているときに、相手の発言に対し、頷き・ボディランゲージでのリアクションが何もないのは、極めて失礼です。チャットにおいても、リアクションをしないのは相手に失礼という意識を全員が持ちましょう。

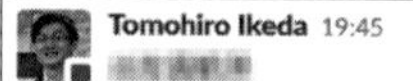

■ウェビナー企画MTGの振り返り
良い点・反省点（今後の改善点）を血肉化するため、テキストでまとめよう！（今日２０時まで勤務になると思うので、振り返って終わろうか！）

絵文字リアクションがあるので、伝わっていることがわかる

できるだけすべてオープンにする

ビジネスコミュニケーションツールを活用するポイントの1つは「できるだけすべてオープンにする」ことです。Slackの公式サイトでも「Slack は組織の風通しがよくなるように設計されています。そのため、基本的にコミュニケーションは可能な限りパブリックチャンネルで行うことをおすすめ」と明言しています※(パブリックチャンネルとは、誰でも閲覧・参加できる状態のチャンネルです)。

私自身の体験としても、多くの情報をオープンにすることでさまざまなメリットがあると感じています。

1つ目は、チーム全体の情報共有度・理解度が上がる点です。テレワークで挙げられる課題の1つに「疎外感を感じる」というものがあります。経営陣や幹部が非公開の場ばかりで議論しており、「情報格差」が大きな状況だと、現場はこのような心境になります。
情報をオープンにしておくことで、テレワークであってもテレワーク以外のメンバーとの情報格差が生まれにくく、このような疎外感を回避できます。また、情報をメンバー全員が把握しておくことで、それぞれの取り組みの精度向上にもつながります。

2つ目は、オープンな場にすることで、衆人環視の意識が高まり、発言内容が建設的・ポジティブになりやすい点です。人間なので、当然ながら気持ちのアップダウンがあったり、ネガティブな発言をしたくなったりする心境もあります。適度な愚痴は気晴らしにもよいでしょう。
しかしながら、ビジネスコミュニケーションツールの場はあくまでも会社のパブリックな場。上司が見ていない裏チャットで、愚痴や悪口ばかりが盛り上がるようでは、健全な状況とは言い難いです。オープンを前提にすることで、このような非生産的なやり取りが自然としづらくなり、より建設的な発信をしていく意識が高ま

※ https://slackhq.com/slack-%E3%81%AE%E5%9F%BA%E6%9C%AC-%E3%83%91%E3%83%BC%E3%83%88-3-%E3%82%B3%E3%83%9F%E3%83%A5%E3%83%8B%E3%82%B1%E3%83%BC%E3%82%B7%E3%83%A7%E3%83%B3%E3%81%A8%E6%96%87%E5%8C%96

ります。もちろん適度な愚痴を否定するものではなく、あくまでチーム全体の雰囲気として、ということです。

3つ目に、不必要な伝言ゲームをする必要がなくなることです。チャットに不慣れな人は、個別メッセージを使いがちです。個別メッセージだと、その内容を別の人に伝えるために、別途作業が発生します。
適切なチャンネルを作成し関係者を全員揃えておけば、そのような不必要な伝言ゲームがなくなり、内容が全員に直接伝わるので非常に効率的です。
もっとも、そもそもの信頼関係が構築されていないと、「あの人にこんな内容は見られたくない」といった心理が生まれやすく、これらの取り組みがしづらくなるでしょう。チームビルディングの取り組みにより、まずは信頼関係を構築することが重要。

チャンネル作成のパターンを知る

チャンネルとは、ビジネスコミュニケーションツールで作成できる「部屋」のことです。ツールによって表現方法がまちまちですが、ここでは「チャンネル」と表現します。

ツール	名称
Chatwork	グループチャット
Slack	チャンネル
Microsoft Teams	チャネル
Workplace	グループ

目的に応じてチャンネルを作成し、必要なメンバーをチャンネルに入れることができると、情報伝達が最適化でき非常に楽です。基本的なパターンとよくある失敗例を整理しているので、ぜひ参考にしてください。

■基本パターン

パターン	概要	具体例	加入者
常設チャンネル	●常時必要なチャンネル ●目的に応じていくつかのパターンを使い分けられると良い	●雑談チャンネル ●全体通知チャンネル ●総務・経理チャンネル	●基本全員
プロジェクト別チャンネル	●案件単位・社内プロジェクト単位など、ある程度の期間にわたって活用するチャンネル	●生産性アッププロジェクト ●クライアントA	●プロジェクト参加メンバー ※関心があるメンバーも参加できるようにすると良い
臨時チャンネル	●ある特定のトピックについて議論するためのチャンネル	●Aさんの退職について ●会社Bからのクレーム対応について	●関係者全員
グループチャット ※チャンネルなし	●チャンネルはつくらず、ダイレクトメッセージを使って会話する	――	――

よくある失敗例

●常設チャンネルを作成したが、新しく加入したメンバーが参加しておらず、情報がチェックされない

→対策：全員参加チャンネルは抜け漏れがないように、加入タイミングでしっかり追加する（そのオペレーションを用意しておく）

●プロジェクト別チャンネルを作成したが、チャンネルと関係ない箇所で相談が進んでしまう

→対策：プロジェクト関連内容は細かなことでもプロジェクト別チャンネルに集約する

→対策：個別メッセージや個別チャンネルで情報が展開されたら、本人または気づいた人が、チャンネルに内容を転送する

●グループチャット（ダイレクトチャット）で議論をスタートしたが、議論に必要な関係者が含まれておらず、内容の転送・連携が面倒くさい

→対策：できるだけ臨時チャンネルを作成し、後からメンバーを追加できるようにする

→対策：後から臨時チャンネルを作成し、議論内容はコピペ・キャプチャして臨時チャンネル側に流す

メンション(名指し)を使う

複数人が参加しているチャンネルでは、誰向けのメッセージかを明確にしましょう。多くのチャットツールでは、メンション(名指し)機能があります。メンション機能を使うことで、相手にメッセージが伝わる可能性が格段に上がりますし、「自分が回答しなければ」という気持ちも高めることができます。

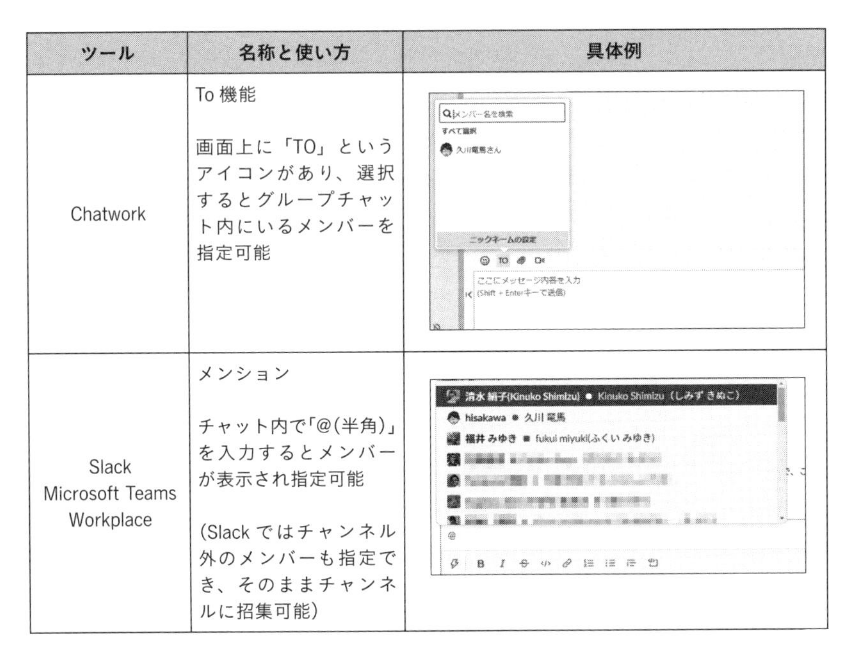

ツール	名称と使い方	具体例
Chatwork	To 機能 画面上に「TO」というアイコンがあり、選択するとグループチャット内にいるメンバーを指定可能	
Slack Microsoft Teams Workplace	メンション チャット内で「@(半角)」を入力するとメンバーが表示され指定可能 (Slack ではチャンネル外のメンバーも指定でき、そのままチャンネルに招集可能)	

チャットの通知も、メンションされている場合のみ発生するようになっていることが多い。私もそうですがメンションされないと気づきません。

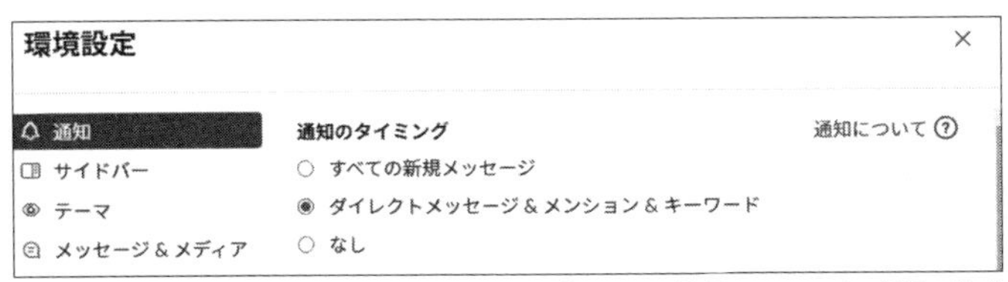

Slack の通知タイミングの設定。デフォルトでは「すべての新規メッセージ」だが、数が増えてくると「ダイレクトメッセージ&メンション&キーワード」にしているケースもあり、この場合はメンションをつけないと相手に通知が飛ばずに気づきにくい

対面コミュニケーションであっても、話をする前には、「〜さん、ちょっといいかな」と話しかけるはずです。「メンションしていないと伝わらない」という認識も全員で持ちましょう。

URLを直接貼る(ファイルを直接送る)

特定の資料やデータの進捗状況を確認したり、報告したりするシーンはよくあります。ここでのポイントは、対象ファイルがすぐに確認できるように、URLやファイル添付を怠らないことです。

例えば会議資料を上司に確認してほしいシーンで、以下の2パターンの連絡があるとします。

パターン1：
URL がない

Tomohiro Ikeda 15:35
@hisakawa
明日のMTG資料について、気になる点があれば教えてください！

パターン2：
URL がある

Tomohiro Ikeda 15:35
@hisakawa
明日のMTG資料について、気になる点があれば教えてください！
https://docs.google.com/

パターン1では、上司は自分でファイルを探しに行く必要があります。検索したり、ファイル共有ツールを開いたり、メールを探しに行く必要があるかもしれません。場合によっては、違う資料と誤解してしまい、全く見当違いのフィードバックをされてしまうかもしれません。
パターン2では、確認依頼を見た上司は、1クリックですぐに資料を開けます。ちょっとした差ですが、どちらの方が受け手として仕事を進めやすいか、一目瞭然です。

「URLを貼る（ファイルを添付する）こと」は、当たり前の工夫なのですが、意外と多くの人が怠っています。ぜひ徹底しましょう。

スマホ閲覧を意識する

ほとんどのチャットツールは、スマホアプリも提供しています。忙しい人ほど、PCでなく、アプリを使う頻度が高いでしょう。私自身も、社長として対外アポを多くこなしている時期は、ほとんどの確認はスマホで行っていました。

そこで重要なのは「スマホで見ても返信しやすい」工夫です。

1つ目のポイントは、資料やファイルの確認時には画面キャプチャを使うこと。先ほど「URLを貼る（ファイルを添付）」という話をしましたが、スマホで見る場合、わざわざ対象ファイルを開くのはかなり重いアクションです。そもそも開けないファイルもありますし、開いたとしても画面が小さく見にくいです。
そこで、確認してほしい箇所だけ、画面キャプチャも併用しましょう。画像であれば、スマホでも画面は小さいもののそこまで抵抗感なく見ることができます。

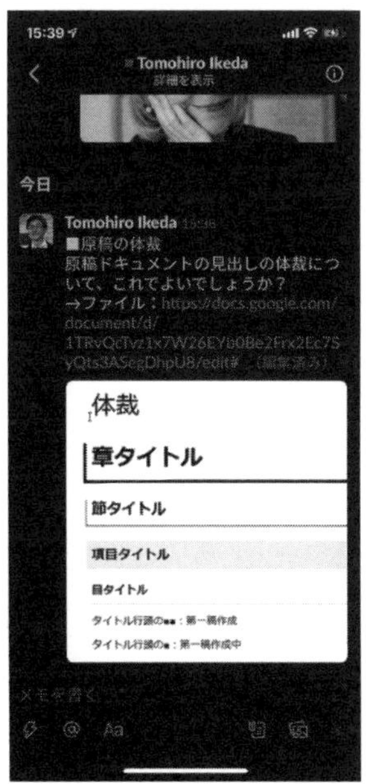

ファイルへのURLに加え、確認してほしい箇所を画面キャプチャしている。これならスマホでも簡単に確認でき、すぐにレスできる

2つ目のポイントは、文章を短くし、また依頼を細切れにすることです。長文で長々と依頼が書いてあり、かつ「気になることがあればフィードバックしてください」と言われても、スマホではそもそも見るのが億劫ですし、「この箇所」という補足をいれるのも面倒です。文章は短いほど見るのが楽です。
また仮に文章自体は短くできなくても、確認してほしいポイントを「1. 見出しについて」「2. 依頼内容について」といった形で細切れにしてくれると、回答が非常に楽です。

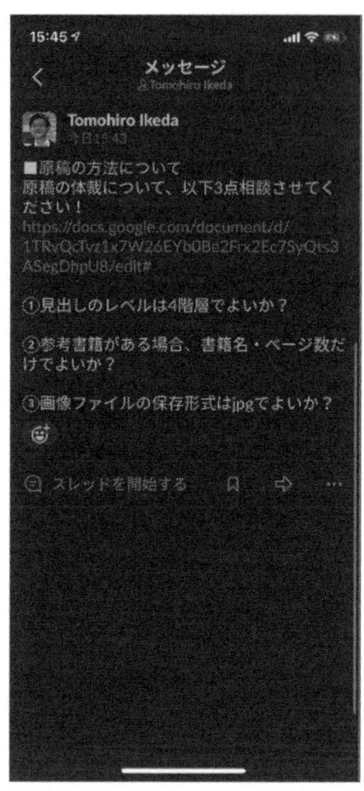

相談事項をナンバリングして小分けに

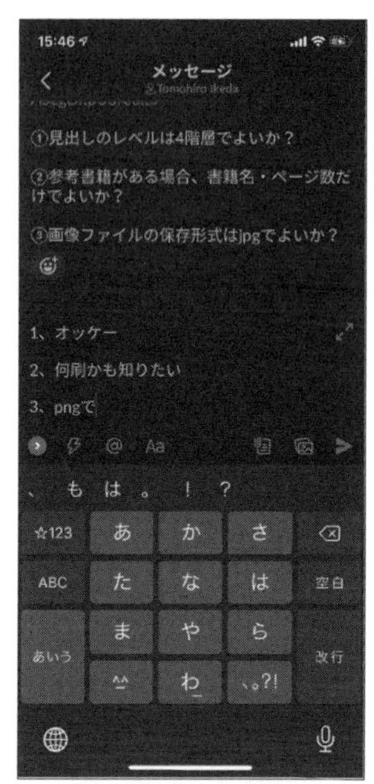

相談事項に対して端的に回答しやすい。ナンバリングがあるので、何に対する回答かも一目瞭然

これらもちょっとした差ですが、スマホベースで閲覧する人がいるチームでは、欠かせない配慮です。

「後から検索」しやすくする

ビジネスチャットは、フローの情報（流れていく情報）がメインではありますが、それらの情報は自動的にストック化され蓄積していきます。後から「あの時なんて言ったっけ」「前にチャットで画像を貼ったんだけどな」と見返しに行くことはよくあります。
そのため「後から検索しやすくしておく」という意識があると、情報の再利用性が高まります。

一番のポイントは、ファイル名・文章見出しです。後から検索しそうなキーワードをファイルや文章内に含めておくことで、探しやすくなります。
私もよくあるのですが、あるときに考えていたキーワードと、後から思い出そうとしたキーワードが変わってしまうこともよくあります。そんなときのため、あえて複数のキーワードを併記しておくこともあります。

Q アウトプット from:@Tomohiro Ikeda 池田朋弘

メッセージ 50　ファイル 120　チャンネル 0　メンバーディレクトリ 0

#営業_提案ファクトリー - 6月17日

Tomohiro Ikeda 池田朋弘 10:36
▼アウトプットのパターン・資料のまとめ方
https://docs.google.com/spreadsheets/u/1/d/1rucuvRQVM-Ei4S3K2lz7ceR02sJ0dBLfwYYT0c4uClw/edit?usp=drive_web&ouid=116738547767468318291

「資料のまとめ方」というファイル名だが、後から検索するときに「アウトプット」という名称が思い浮かぶことが多く、なかなか検索でひっかからなかったため、「アウトプットのパターン」という言葉を併記

また「概要の投稿」と「詳細の投稿」を分けておくこともあります。Slackだと「スレッド機能」として、一覧に表示する内容と、一覧には表示させず「コメント」的に追加する内容を分けることができます。できるだけ重要な内容だけを一覧に表示するようにし、それ以外はスレッド化しておくことで、後の一覧性が高まります。

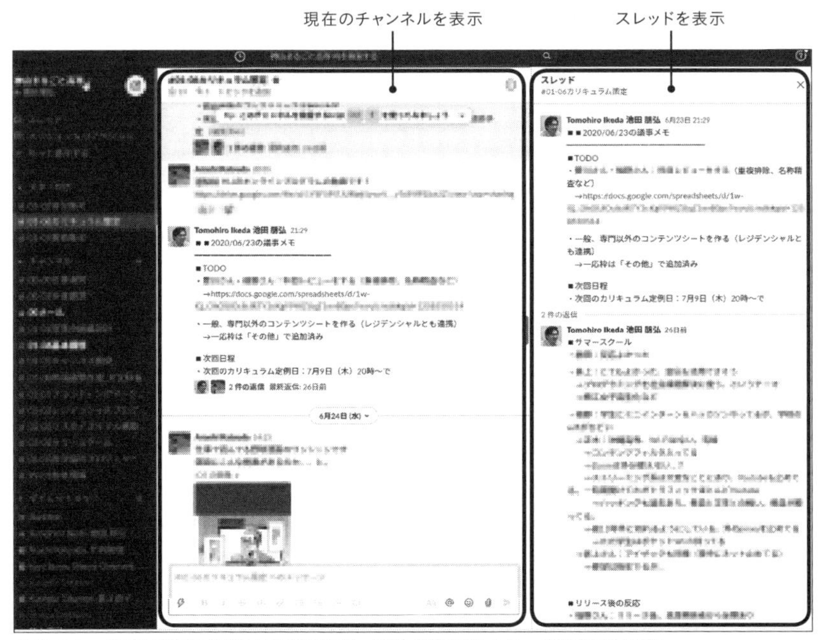

メインスレッドには TODO ＆次回日程だけ表示。詳細の議事録はスレッド機能側に記載

Chatworkにはスレッド機能はありませんが、概要だけチャットに記載し、詳細はテキストファイルなどで別途添付する方法があります。

固定欄(概要・ピン留め・タスク)を活用する

多くのビジネスチャットツールでは、チャンネルごとに「固定欄」を活用できます。またSlackでは「ピン留め」、Chatworkでは「タスク」などのツールがあります。ブラウザのブックマーク機能のようなものです。
各チャンネルにおいて、よく使う資料や内容は、これらの機能で振り返りやすくしておくと便利。

私の場合、チーム全体で常時活用するスプレッドシートや、何度も確認する資料などは、たいていピン留めしています。

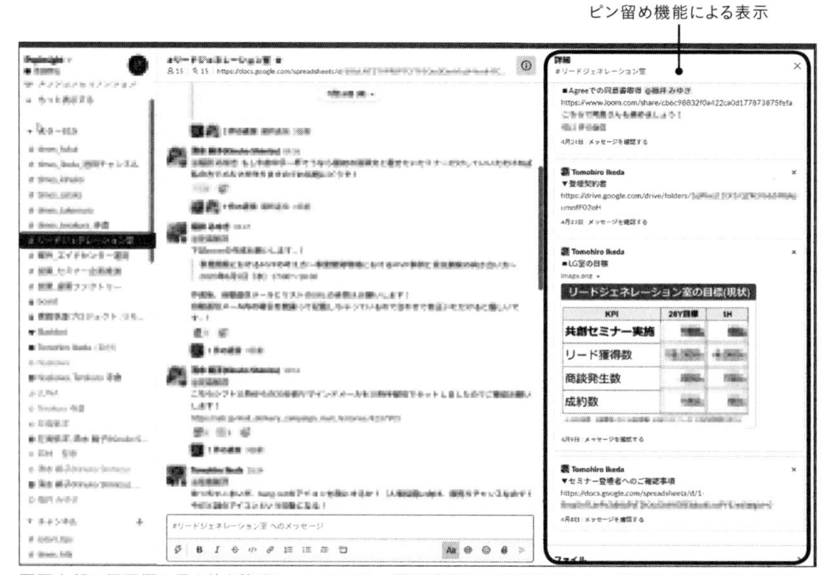

画面上部の概要欄に最も使う管理シートのURL。画面右側には適宜参照したい資料や目標数値などをピン留め

絵文字・スタンプは使い込む

コミュニケーションの中心がチャットになると、「感情」の表現方法に困ります。感謝を伝える際にも「有難うございます」だと、やや他人行儀で冷たい印象になってしまいます。また「有難うございます」と言われた後、何かしらの反応を返したいが、わざわざ「どういたしまして」で返すほどではないこともままあります。
そんなときに大活躍するのが絵文字やスタンプです。

What 絵文字・スタンプは、文章にしづらい感情・雰囲気を表現する手段

絵文字・スタンプは、文章では伝えづらい感情や雰囲気・反応を伝えるための方法です。多くのコミュニケーションツールでは、それぞれ独自の絵文字機能・スタンプ機能が実装されています。

使うシーンは大きく分けて2つあります。1つは、文章に対するリアクションとして使うシーンです。

Tomohiro Ikeda 16:17
左高くん昼から劇的に成長しつつすばらしす
3　すごい 3　素敵 2　1

もう1つは、文章の中に絵文字を埋め込み、感情や雰囲気を伝えるシーンです。

田中 ひなこ(7/28休み) 18:11
はっリモートなんとかとかの返事が来ないまま18時を過ぎてしまった...
遠隔操作でなんとかなることを 

私の場合は前者での活用が圧倒的に多いですが、後者も使うことができると伝達手段のバリエーションが増え、文章での冷たい印象を軽減できます。

5
業務をスムーズに進めるための11のコツ

Why 硬すぎず、反応しやすい場をつくりやすい

絵文字やスタンプが重要になる理由は以下です。

- **文章だけでは表現しづらいこともある**
- **文章にするほどでもないこともある**
- **絵文字・スタンプだと楽しい**

文章だけでは表現しづらいこともある

文章は情報を伝える上で極めて重要なツールですが、口頭・対面でのコミュニケーションに比べると、感情や雰囲気がどうしても抜け落ちてしまいます。「チャットと実際に会うのでは、だいぶ印象が違いますね」と言われる人は「チャットだと硬い・厳しい印象がある」という意味かもしれないため、要注意です。

絵文字やスタンプを活用すると、表現のバリエーションを増やすことができます。例えば、「有難うございます」というときにも、さまざまな方法があります。文脈に応じて取捨選択することで、単調なコミュニケーションにせず、気持ちを伝えることができます。

パターン	具体例
文字のみ	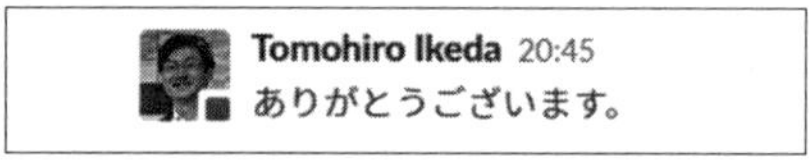 Tomohiro Ikeda 20:45 ありがとうございます。
文字＋絵文字	 Tomohiro Ikeda 20:46 ありがとうございます 😄
絵文字のみ	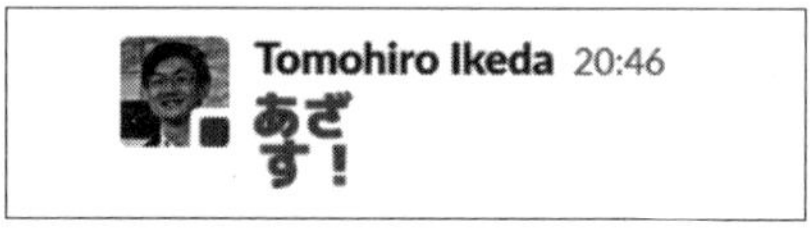 Tomohiro Ikeda 20:46 あざす！
絵文字リアクション （コメントに対して返信）	 Tomohiro Ikeda 20:47 ～～～～～～～ （編集済み） 1

文章にするほどでもないこともある

チャットでのコミュニケーションでは「反応」が抜けがちです。対面であれば、わざわざ言葉に出さずとも会釈・頷き・表情・身振り手振りで表現できていた「了解」という意思表示も、テレワークになった瞬間に使えなくなります。しかし、わざわざ文章をつくって反応をするほどではないシーンがあります。

こんなときにスタンプでのリアクションが使えると、1クリック・1タップで済むので、とても楽です。また反応を見る側も、わざわざ文章を再確認する必要もなく、反応していることが一目でわかるので、安心できます。

「承知しました」と絵文字リアクションがあるので、確認していることがわかる

絵文字・スタンプだと楽しい

感情表現や反応手段として手軽で効果的な絵文字・スタンプですが、さらに「コミュニケーションが楽しくなる」という利点もあります。

Slackでは、絵文字を自分たちで追加できます。「有難う」「了解」と同じ趣旨の内容であっても、趣向を凝らすことでさまざまな表現方法があります。お笑い番組の「大喜利」のように、絵文字によるボケ・ツッコミも実現できます。

ございます。
冷凍庫で冷やすと湿気ることなく更においしさ倍

やるです 7　なるほど 4　なんやて 6　まじか 3　2　わかる 2　おなかすいた 1

「仕事をする上で、そんなことが必要なのか」というツッコミが入りそうですが、同僚同士のやり取りでクスっと笑ってしまう環境と、効率だけを意識して無言・無表情で仕事をしている環境と、どちらの方が長く勤めたい職場かは言うまでもありません。

How 絵文字・スタンプを使いやすい雰囲気をつくる

絵文字・スタンプをチーム内で活用するためのポイントを次に示します。

●絵文字・スタンプを公式に認める
●上長・年長者が積極的に使う
●カスタム絵文字を許可する
●楽しく使う

絵文字・スタンプを公式に認める

チャットツールを使っている企業・チームでも、絵文字・スタンプがほとんど使われていないことがあります。理由を聞くと、「そういう雰囲気ではない」「使ってよいかわからない」と回答されることが多いです。

絵文字やスタンプは、テレワークでのコミュニケーションを促進する上で非常に重要です。そのため、会社・チームとして、公式に利用すべきことをアナウンスし、使いやすい状況をつくりましょう。

上長・年長者が積極的に使う

公式に許可していたとしても、上司や年長者が使っていないと、一般社員はどうしても遠慮しがちです。そのため上司や年長者が積極的に利用しましょう。

ポップインサイトでは、当時社長の私自身が積極的に絵文字リアクションを活用しており、またメンバーからも私の投稿に対して絵文字リアクションが多くあったため、新入社員や若手メンバーも「使って問題ない」ことがわかり、積極的に利用していました。

人により「絵文字はあまり好きじゃない」こともあるかもしれませんが、チームの雰囲気を和らげる上で絵文字が重要なツールであることを認識し、可能な範囲で使い慣れましょう。絵文字にもさまざまなバリエーションがあるので、最初は「了解サイン」「ありがとうサイン」など、あまり違和感なく使えるものから使うと良いでしょう。

カスタム絵文字を許可する

コミュニケーションツールによりますが、Slackなどのカスタム絵文字（絵文字の追加）ができる場合には積極的に利用を許可しましょう。登録される絵文字が増えるほど「会社らしさ」が出てくるのでオススメです。

ポップインサイトのある新入社員の方は、こんな分析をしていました。

ちなみに、ポップインサイトで利用頻度が高い絵文字は次の通りでした。

絵文字	回数
ありがとうございます	34323
おつかれさまでした	10379
ワロタ	9160
	9114
承知しました	8533
素敵	5473
なるほど	4164
よろしくおねがいします！	4023
わかる	4013
おはようございます	3588
	3570
了解！	3536
なんと	3310
	3241
応援してます！	3178
DONE	3122
かわいい	2890
お大事に	2803
すごい	2599
ひぃ〜	2454
はっ	2438
さすが	2429
1	2358
おつかれさまです	2357
かっこいい！	2020
気になる	1961
いいね	1751
大丈夫です	1639
無理せず	1601
へー！	1533

右の数値は 2020 年 3 月〜 8 月の利用回数

楽しく使う

Whyにも記載したとおり、絵文字・スタンプは「楽しい」ことがメリットの1つです。せっかくなので、ウケを狙いにいきましょう。

以下、私が楽しいと感じる絵文字活用パターンをいくつか例示しています。これらをヒントに、積極的にウケ狙いをする雰囲気ができると、チャットでのコミュニケーションの温かさが格段に増すはずです。

絵文字活用のパターン	具体例	補足
絵文字で状況表現	  清水 絹子(Kinuko Shimizu) あと もど 清水 絹子(Kinuko Shimizu) 戻り ました	業務中に少し中抜けし、戻ってきたことを表現したものですが、文章で書くよりも絵文字を使った方が柔らかい印象になります。
絵文字で文章	 田中 ひなこ(7/28休み) 14:05 戻り ました 今から 本気 出す	絵文字を組み合わせ文章にしています。文字サイズが異なることで怪文書のような雰囲気になっているのが少し面白いです。
絵文字でコミュニケーション	 そろそろ家を出る時間です。 皆様のちほどお会いしましょう。 レッツゴー大手町 2 ? 1 ← 1 1 ワロタ 3	「レッツゴー大手町」という絵文字に対し、「?」というアイコンでツッコミ、そこに対して左矢印付きの絵文字でさらにツッコミが入っています。絵文字に絵文字を重ねることで、大喜利のような楽しさができます。
自分で状況アップデート	 清水 絹子(Kinuko Shimizu) 12:05 おひる！ 戻りました 1	絵文字リアクションは通常は他人の投稿にするものですが、本人が自分の「おひる」という投稿に対して「戻りました」を重ねています。別になくてもいいのですが、あるとちょっと面白いです。

絵文字活用のパターン	具体例	補足
優しさ・慰め	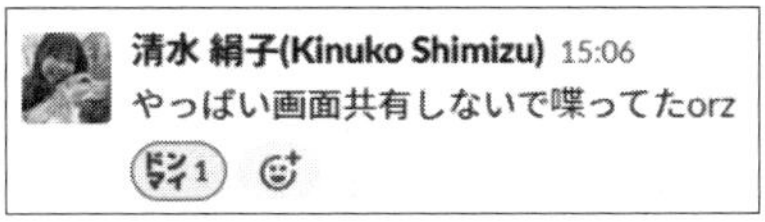清水 絹子(Kinuko Shimizu) 15:06 やっぱい画面共有しないで喋ってたorz ドンマイ 1	失敗に対して「ドンマイ」「大丈夫」などの絵文字がついています。受け入れ感があり安心感がでます。
恐縮	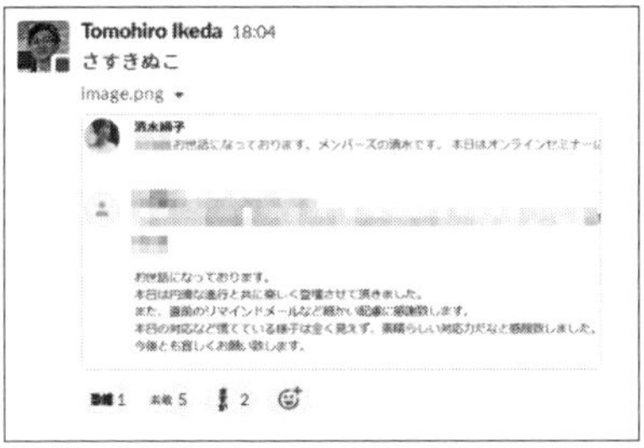Tomohiro Ikeda 18:04 さすきぬこ image.png	顧客からのお褒めの言葉を画面キャプチャつきで投稿したものに対し、「恐縮」と本人が回答。
面白やさぐれ	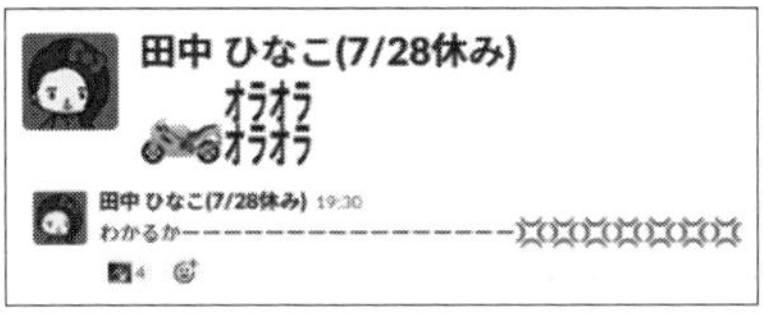田中 ひなこ(7/28休み) オラオラ オラオラ 田中 ひなこ(7/28休み) 19:30 わかるかーーーーーーーーーーーーーーーー	仕事をしていると多少の苛立や焦りはでますが、絵文字がついていることで、単なる愚痴ではなく、楽しみながら乗り切ろうという雰囲気がでます。
人物アイコン	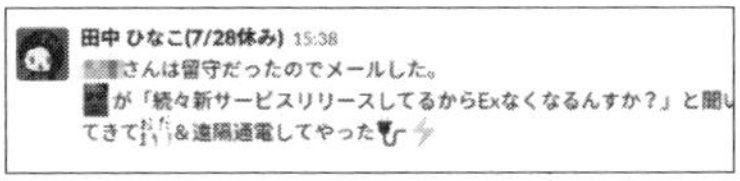田中 ひなこ(7/28休み) 15:38 さんは留守だったのでメールした。 が「続々新サービスリリースしてるからExなくなるんすか？」と聞い てきて &遠隔通電してやった	文章内で人を表現する際に、名前でなくアイコンを出すことで、相手への親近感が高まります。
共感	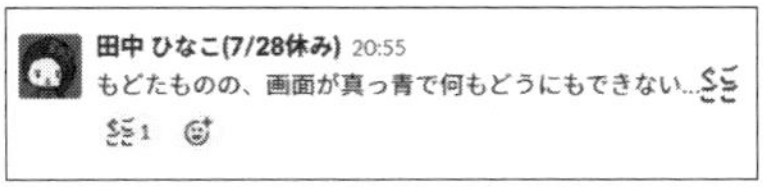田中 ひなこ(7/28休み) 20:55 もどたものの、画面が真っ青で何もどうにもできない...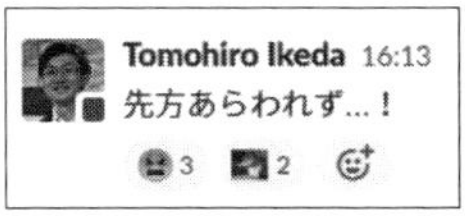Tomohiro Ikeda 16:13 先方あらわれず...！	書き込みに対して共感を表すアイコンを重ねることで、「わかってくれて有難う」という気持ちになります。

毎日オンライン朝会をする

テレワークになると、オフィス出社のように「必ずお互いの顔を見る環境」がなくなります。しかし、せっかくチームで仕事をしているなら、仕事はメンバーの顔を見ながらの挨拶で始めたいもの。そのために「毎日のチーム朝会」を行いましょう。

What チーム朝会は、始業時に全員で行うオンライン会議

チーム朝会は、オンライン会議でチーム全員が集まる朝の会議です。実施タイミングは始業直後で、時間は10～30分程度がよいでしょう。雑談を十分に行うため、長めに時間をとることをオススメします。

朝会の内容を次に示します。

- **アイスブレーク**
- **メンバーのスケジュール・TODOの確認**
- **業務の相談**

お互いの様子が見えるように、カメラはONにしましょう。

Why 仕事モードへスムーズに移行でき、雑談・共有の場にもなる

「朝会」というと、やや古く懐かしい響きもあり、人によっては抵抗感があるかもしれません。しかし個人的にはチーム感を高め、コミュニケーションを円滑にするために、重要な取り組みの1つだと感じています。

メンバーズでも、2020年から1,500人の社員に対してオンライン中心の働き方にしていくことを発表しましたが、チームでの生産性を下げないためのルールの1つとして「チーム朝会を毎日行うこと」を義務付けています。その理由を次に示します。

- **●雑談の場になる**
- **●メンバーの様子がわかる**
- **●メンバーの仕事状況がわかる**
- **●仕事モードへの切替タイミングになる**

雑談の場になる

朝会として全員がオンラインで同じ時間に集まり、映像・音声でつながることで、テレワークではつくりづらい「直接話をする場」が生まれます。チャットやメールといった文章だけのコミュニケーションと比べて、圧倒的にコミュニケーションが取りやすい。

テレワークの課題としてよく挙げられる「雑談する場がない」という課題に対する打ち手としても非常に有効です。
私のチームでは、9時から30分使って毎日朝会を行っていますが、予定がないメンバーはもう少し残る場合もあります。業務に関する確認や相談ももちろんありますが、50%以上は直接業務に関係がない雑談をしています。この雑談を通じて、新しいアイデアや施策が出ることもよくありますし、各メンバーの近況もよくわかり、各自の状況・関心にあわせた動機づけもしやすくなります。

メンバーの様子がわかる

映像をオンにしておくことで、それぞれの顔が見えます。もちろんカメラ越しなので対面で見るより情報量は減りますが、表情・雰囲気などは映像でも意外とよくわかります。
朝会での表情で、あまり表情が芳しくないメンバーがおり、朝会後の個人チャットや1on1で「表情がちょっと暗かったけど、大丈夫？」といったフォローをすることもよくあります。

テレワークで表情を確認する機会は非常に貴重であり、始業直後に顔を見られる場をつくることが朝会のメリットです。

メンバーの仕事状況がわかる

お互いの仕事状況がわかるとチームの一体感・安心感に寄与しますし、お互いにしっかり仕事をしようという健全な「ピア・プレッシャー」にもなります。
ピア・プレッシャーは「同僚からの圧力」という意味です。圧力が強すぎてお互いに監視するような状況は精神的に辛く、雰囲気の悪化につながる懸念はありますが、お互いに助け合うことを前提としておけば仕事を頑張るための健全な後押しになります。

仕事モードへの切替タイミングになる

在宅勤務だと、通勤・出社という切替タイミングがないため、どうしても仕事モードになりにくいという話がよくあります。
『LIFE SHIFT』で世界的に有名なリンダ・グラットン氏も、「在宅勤務をすると、家とオフィスの違いはただ場所が異なるだけではないことに気がつきました。家からオフィスに行くまで気持ちを切り替える儀式のような日課があります。スーツに着替えて電車に乗り、お気に入りのカフェでコーヒーを飲む。こうしたリズムが精神衛生と能力発揮に重要」と指摘しています※。

また最近では「モーニング・ルーティン」という言葉が流行っています。ルーティンとは「お決まりの所作」「習慣」という意味です。モーニング・ルーティンは「朝に欠かさず行う習慣」ということです。モーニング・ルーティンとして人気があるのは瞑想やスケジュール確認などです。これを行うことで、1日のリズムが整い、高いパフォーマンスが出せるという考え方です。

チーム朝会を毎日行うことは、このような「切替の儀式」「モーニング・ルーティン」をメンバー全体で行うものとしても有用です。

How 雑談も取り入れ、お互いを知る時間にする

チーム朝会を効果的に運営していくためのポイントを次に示します。

- **メンバーは全員参加にする**
- **雑談から始める**
- **時間を短くしすぎない**
- **カレンダーは全員分を画面共有する**
- **司会は持ち回りにする**
- **カメラはONにする**

※ https://business.nikkei.com/atcl/gen/19/00122/061900031/?n_cid=nbpnb_snad_2007_006

メンバーは全員参加にする

朝会は、任意参加ではなく、全員必須にしましょう。一部のメンバーしか参加しない朝会では、共有内容の食い違いが出ますし、コミュニケーション量にも偏りが出てしまうだけでなく、非参加メンバーの様子もわかりません。

雑談から始める

朝会の価値の1つはコミュニケーションの機会をつくることであり、テレワークにおけるコミュニケーションとして不足しがちなものが雑談です。そのため、朝会は業務連絡から始めるのでなく、雑談から始めるとよいでしょう。

私のチームでは、かなり前から朝会のスタートは「Good&New」という取り組みを行っています。
「Good&New」は、24時間以内に起こった良いこと・新しいことを一人ひとり発表するという取り組みです。1人の発表時間は30秒～1分ぐらいです。経営コンサルタントの神田昌典氏が『成功者の告白』という本の中で、チームビルディングの手法の1つとして紹介しているのを見て、私もそのまま会社に取り入れました。

一見単純な取り組みですが、次の利点があり、朝会のスタートにはもってこいです。

- **発表者が良いこと・新しいことに気づきやすくなる（物事を良い方面で捉えやすくなる）**
- **良いこと・新しいことなので、聞いている側の気分がよくなる**
- **発表者のプライベートの状況がわかり、発表者への関心が高まる**

『1兆ドルコーチ』においても、「『旅の報告』から始める」という節で、非常に近い内容が紹介されています※。
「楽しい職場環境が高いパフォーマンスと相関している」「そうした環境をてっとり早く生み出すには、家族や楽しいことについて話す（学者の言う「社会情動的コミュニケーション」）のがいちばん」「一人ひとりが自分の体験を語り、人間同士として交流するというこの単純なコミュニケーション手法は、じつは意思決定を改善し、仲間意識を高めるための手段」

私が経営していたポップインサイトでは、社員数が30人を超えるまでは毎週月曜日に全員でこのGood&Newをやっていました。全員の発表が終わるまで30分ぐら

※エリック・シュミット、ジョナサン・ローゼンバーグ、アラン・イーグル 著、櫻井祐子 訳『1兆ドルコーチ シリコンバレーのレジェンド ビル・キャンベルの成功の教え』（ダイヤモンド社、2019）pp.78.

いかかってしまいますし、全員の時間を使うためかなり大きな投資でしたが、チームを横断してメンバー理解を深めるための重要な取り組みと位置づけて行っており、その効果は非常に大きかったと思っています。
さすがに30人を超えてきたタイミングで、一人ひとりの発表時間が限定されてしまうため、6人1組程度に分けて行うようにしましたが、今でもこの取り組みは続いています。

時間を短くしすぎない

朝会は、単なる業務連絡の場ではなく、雑談の場であり、相談の場です。10分など時間設定を短くしすぎると、その場で気になることがあっても、時間が気になって発言しづらくなってしまいます。時間は30分程度とゆとりを持ち、「なんでも相談して大丈夫」という雰囲気をつくることが重要。

カレンダーは全員分を画面共有する

朝会は、各自の業務状況を共有する場でもあります。業務状況を可視化するために有効なのが「カレンダー」で、朝会ではこのカレンダーを画面共有して確認するとよいでしょう。
カレンダー表示を「日」にすると、以下の画面のように各自の1日の予定がわかりやすく表示され、これを確認していくだけでも状況がよくわかります。

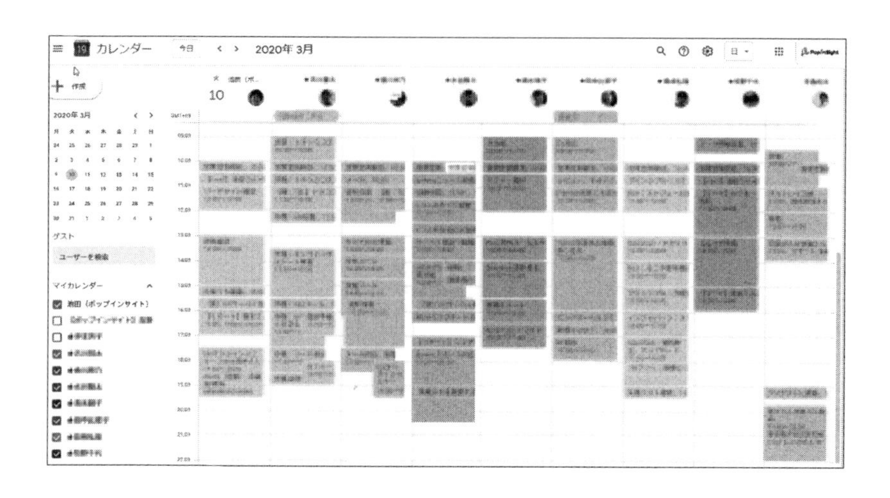

また、朝会で予定を共有するということは、前日・始業前には予定が決まっている必要があるということで、仕事の段取りを事前に考える訓練にもなります。

司会は持ち回りにする

朝会の司会は、マネージャーだけでなく、チームメンバーが持ち回りにするとよいでしょう。
マネージャーが毎回仕切ってしまうと、各メンバーは「自分の番だけで話せばよい」という姿勢になりがちです。毎日持ち回りで司会を行うことで、オンライン会議での仕切り・画面共有などの練習にもなりますし、朝会への参加意識が高まります。

カメラはONにする

朝会では、カメラはONにし、顔を出すようにしましょう。顔が見えることは、コミュニケーションにおいてとても重要です。顔を見ることで親近感は高まりますし、また表情から察することができる情報も多い。

映像があることで、話が聞きとりやすいということもあります。
心理学では「マガーク効果」という現象が知られています。「バ」という音声と、「ガ」と言っている映像を合成すると、「ダ」という別の音に聞こえる、というものです。人は、単に音声だけで言葉を認識しているのではなく、表情や口元の動きも含めて言葉を認識していることを示した実験結果です。

カメラをオンにすることには「化粧をしたくない」「服装が乱れている」「家の様子を見せたくない」などさまざまな抵抗を持つ人もいます。しかし、オフィスに出社しているときに、同じような理由で全面マスク・ボロボロの服装で出社する人はいないはずです。
現場レベル・同僚レベルでは指摘しづらいことでもあるので、カメラをオンにすることは全社ルール・チームルールとして、その上で「抵抗感のない映り方」を考えてもらう方がよいでしょう。

自分チャンネルをつくる

テレワークだと「ちょっとした一言」を発しにくい状況になります。「業務にはそんなに関係ないけど、ちょっと言いたい」という欲求を満たしづらくなります。
それを解決するものが「自分チャンネル」です。

What 自分チャンネルは、コミュニケーションツール上の「自分用の部屋」

自分チャンネルは、SlackやChatworkなどのコミュニケーションツール上の「自分専用の部屋」です。コミュニケーションツールでは目的別・プロジェクト別などで「部屋」を作成することが多いですが、それらに加えて「メンバー一人ひとりの部屋」を作成するものです。
ポップインサイトでは「times_池田」「times_山田」のような形で、一人ひとりがチャンネルをつくっています。

自分チャンネルへの投稿は「Twitterのつぶやき」のようなもので、何でも自由です。以下のような内容が多いです。

- **業務の進捗**
- **業務中の感想・気持ち**
- **業務や会社についての気になる点**
- **顧客対応や社内で嬉しかったこと**
- **プライベートの出来事**

業務時間中に今やっている業務内容・状況を発信する行動は、「日報」に対して、「分報」といわれたりもします。

自分チャンネルは、組織内の誰でも閲覧・参加できるようにします。どのチャンネルを見るかは任意ですが、少なくとも業務で関係するメンバーのチャンネルは原則参加するのがよいでしょう。

Why 自分の居場所として、何でも気軽に発信できる

チームコミュニケーションの活性化に自分チャンネルが有効な理由を次に示します。

- **目的別チャンネルだけだと、投稿先を決めづらい場合がある**
- **人数が多いチャットルームだと、気を使って発信しづらい**
- **個別メッセージは、自分も相手も重いし、組織の健全性が下がる**
- **キャラクターが確立し、親近感が湧く**

目的別チャンネルだけだと、投稿先を決めづらい場合がある

目的別チャンネルは「特定のプロジェクト」「特定のテーマ」など、チャンネルの用途が限定されています。明確にそれらに関連する投稿なら問題ないのですが、投稿内容によっては、どのプロジェクト・テーマに当てはまるか分かりづらいものがあります。

例えば「Excelの使い方に苦戦している」というときに、プロジェクトチャンネルに投稿すべきなのか、はたまた新人向けチャンネルに投稿すべきなのか、判断がしづらい。

このような時に「自分チャンネル」であれば、テーマを気にせずに投稿することができます。「どのチャンネルに投稿するか」というハードルを取り除くことで、発信がしやすくなるわけです。

人数が多いチャットルームだと、気を使って発信しづらい

また多くのチャンネルでは、関係者が全員そのチャンネルに参加しています。人数が増えるほど、他メンバーに遠慮したり、投稿後の反応が気になったりして、気軽な投稿がしづらくなります。特に新しくチャンネルに参加した経験・関係性が薄いメンバーほど、このような気後れが発生しやすいでしょう。

自分チャンネルであれば、「そのチャンネルのオーナーは自分」であるため、このような気遣いは不要です。そのため、ちょっとした内容でも気にせず発信できます。

個別メッセージは、自分も相手も重いし、組織の健全性が下がる

チャンネルへの投稿だと多数のメンバーの目に触れてしまうため、個別メッセージ

(プライベートメッセージ) を好んで使う人がいます。もちろん人事情報・極秘情報など、そもそも公開できない内容は個別メッセージが有用ですが、大して重要ではない内容まで個別メッセージにするのは考えものです。

個別メッセージは、どうしても発信相手に対して矢印を向けることになります。個別メッセージを送られると返信をせずに流すことは気まずく、何かしら返信せざるを得ない状況になります。特に返事を求めていないちょっとした情報共有やつぶやきを個人メッセージで送ることは、自分も相手も「重い」です。

また個別メッセージが増えると、組織内のオープンマインドが低下します。
Slackでは、管理ツールとして「コミュニケーションのpublic率 (個別メッセージやクローズチャンネル以外のコミュニケーション率)」が確認でき、多くのベンチャー企業ではこのpublic率が高いほど良いとされています。public率が高いということは「組織内・チーム内の誰もが同じ情報が見れる」ということです。
それにより、情報格差が起きにくいですし、マイナスな発信が起こりづらいメリットがあります。

自分チャンネルでは、個別メッセージでは重い情報を「自分のつぶやき」として発信できます。誰にも矢印を向けないので、Twitterのように、軽くて流しやすいコミュニケーションができます。また自分チャンネルは、誰もが閲覧自体はできるので、オープンな雰囲気を維持することもできます。

キャラクターが確立し、親近感が湧く

自分チャンネルで仕事・プライベートのさまざまな情報を発信する習慣をつけると、オンラインであっても、それぞれのキャラクターが発揮されやすくなります。お互いに「この人はこういう人」という理解が進むことで、コミュニケーションが格段にとりやすくなります。

先日、世界的コンサルタントの大前研一さんが主催されたエグゼクティブセミナーがありました。
そのセミナーで大前さんに「日本企業でテレワークが広がるために必要なことは何か?」と質問をぶつけてみました。すると「企業のトップ・管理者が”サイバーキャラクター”を理解している必要がある」という指摘がありました。

テレワークを嫌がる人は「スキンシップがないと寂しい」「会社として一体感がない」という考え方を持ちがちですが、実際にはオンライン上でもしっかりとキャラクターは発揮できる、というのです。大前さんは、このようなサイバー上でのキャラクターを確立したことで、世界の津々浦々にでかけながらも、非常に強い存在感を発揮し、快適に仕事ができているそうです。企業のトップや管理者が、このような体験・感覚値を得ているかどうかが、会社全体・チーム全体としてテレワークに移行できるかどうかの1つのポイントになるでしょう。

自分チャンネルを使うと、このような体験を得やすくなります。ぜひメンバーだけでなく、経営者・マネージャー自らが活用していきましょう。

?How 状況発信の重要性を伝え、投稿に慣れさせる

自分チャンネルをうまくチーム内に取り入れ、また各メンバーの活用を促すためのポイントを次に示します。

- **存在感アピールが重要であることを伝える**
- **投稿パターンを知る**
- **反応は任意にしつつも、できるだけリアクションし盛り上げる**
- **ネガティブにならないようにする（注意は裏でする）**
- **チーム外の参加は任意にする（相性が悪い人のものは無理に見ない）**
- **Twitterと連動し、社外発信を兼ねる**

存在感アピールが重要であることを伝える

テレワークでは、意識的に発信を増やさないと、自分が何をしているかを周りに伝えることができません。第1章の「ローコンテクストが大事」でも伝えましたが「察してくれ」はNGで、「自分から表現」する意識がとても重要です。「存在感アピール」は、ともすれば自分本位な姿勢に見られ、協調・同調を重んじる日本カルチャーにはそぐわない面もあるかもしれませんが、テレワークにおいては健全なアピールは必須ですし、その方がチームに安心感を与えます。

そのためのツール・仕組みとして自分チャンネルはとても有効です。ポップインサイトでも、自分チャンネルでの発信が上手な人は、業務も順調に進んでいることが

多く、逆に発信があまりない人は「うまく仕事できているのかな？」と周りに不安を与えてしまいますし、実際に進捗状況もいまひとつなことが多いです。

テレワーク時代においては、適切な存在感のアピールは、チームの関係性を良くするために必要なコミュニケーションであることをしっかり伝えましょう。

投稿パターンを知る

自分チャンネルのような取り組みは、Twitterなどに慣れている人以外は、多くの人が未体験です。そのため「どんな文章を投稿すべきか」「いつ投稿すべきか」というのがわからず、うまく活用できないケースがあります。

以下のような投稿パターン＆タイミングを伝えておくと、スムーズに投稿しやすくなります。特に大事なのは「感情の共有」です。あまり愚痴やネガティブによりすぎると嫌な雰囲気になりますが、気持ちも共有することで、発信者側も自分の感情を客観視できますし、周りも共感やフォローをしやすくなります。

投稿パターン	投稿タイミング	投稿内容・具体例
業務進捗	業務スタート時	●開始報告：「アンケート集計やります！」
	業務中	●過程の共有：「集計は半分ほど終了」 ●疑問・不明点の共有：「まとめて集計する関数がありそうだけど、わからん…調べる」 ●感情の共有：「うまくできて嬉しい」「〜と言われたけど、モヤモヤする…」 ●中間アウトプットの共有：ファイル・画面キャプチャなどをそのまま投稿
	業務終了時	●終了報告：「アンケート集計DONE！続いて〜」 ●アウトプットの共有：ファイル・画面キャプチャなどをそのまま投稿
会議共有	会議スタート時	●開始報告：「〜さんとのMTGスタート」
	会議中 （余裕があれば）	●議事メモの部分共有：議事録で面白い部分をコピペして共有 ●気づきの共有：「（議事録を引用しつつ）確かに」 ●資料の共有：画面キャプチャなどを貼る
	会議終了時	●議事メモの共有：議事録の面白い箇所（またはそのまま）共有 ●気づきの共有：「〜がめちゃくちゃ参考になった」

投稿パターン	投稿タイミング	投稿内容・具体例
プライベート	イベント発生	●発生共有：「子供が怪我して帰ってきた…」 ●感想共有：「子供を保育園に送ってきたけど、マスクしてる子が減ってきたな…」 ●写真共有：家族・子供写真を貼る
情報収集	読書	●開始共有:表紙を画面キャプチャで貼る＋コメント:「〜を読む」 ●途中：面白い箇所を引用・画面キャプチャで貼る＋コメント：「〜なるほど。勉強になる」
	ウェビナー	●参加共有：URL を貼る＋コメント：「〜に参加」 ●途中：資料の画面キャプチャ・議事メモを貼る＋コメント：「〜参考になる」
	ネット・ニュース	●気づき共有：URL を貼る＋コメント：「〜なるほど」

反応は任意にしつつも、できるだけリアクションし盛り上げる

自分チャンネルの良さは、本人からすると「気軽につぶやけるところ」で、参加者からすると「見てるだけで、わざわざコメントや返事はしなくてもいい」ところです。そのため、「それぞれの投稿は、誰にも見られないかもしれないし、反応されないこともある」という前提はつくっておきましょう。返信・確認が必要な場合は、しっかり相手にメンション（名指し）し、返事がほしいことを明確にしましょう。

ただし当然ながら、反応が何もないより、あった方が投稿者は嬉しいので、反応は必須ではないが、できるだけ積極的に反応していくカルチャーを醸成すべきです。そのための肝の１つは「スタンプ・絵文字の徹底活用」です。

私自身も、チームメンバーの投稿については、当然すべてに目を通し、コメントができるものはできる限り拾ってコメントしていくようにしています。また直接のチームメンバー以外の投稿についても、気になるものはコメントしたり、参考情報を返したりするようにしています。
このようにしていると、他メンバーも、同じようにコメントやリアクションしていく雰囲気がでます。それにより、チームメンバー間は当然のこと、チーム外のメンバーとの交流も活性化します。

ネガティブにならないようにする（注意は裏でする）

「何でも投稿してOK」が自分チャンネルの特徴ではありますが、とはいえ、会社・チームという「公共の場」でもあります。そのため、一定の節度は保つべきでしょう。人により、そもそも自分チャンネルを「公共の場」という捉え方をしていないため、「公共の場におけるマナー」の感覚が異なります。

そのため、以下のような点は事前に説明し、逸脱している場合には個別に注意をする必要があります。

- **自分チャンネルは、自分専用の発信スペースではあるが、チームメンバー・チーム外のメンバーも見ている「公共の場」である**
- **そのため、チームメンバーが不快に感じ、チームの勢いを削ぐような非建設的な発信はすべきではない**
- **不快に感じる発言の例：誰かの悪口、不平や不満、ユーモアのないただの愚痴**
- **非建設的な発言の例:会社への一方的な不満（改善提案や原因考察のないもの）**

「ユーモアのない愚痴」「一方的な不満」は、「ユーモアのある愚痴」「一方的ではない不満（提案）」との境目は微妙なところであり、一朝一夕で身につけることが難しい感覚知ですが、まずはこのような大きな方向性を合意した上で、個別で具体的な認識を合わせていきましょう。

また注意するときは、オープンスペースではなく、個別メッセージや1on1などで注意しましょう。注意された側からすれば、ほかの人に注意されていることを見られるのは気分がよくないですし、反論したいことがあっても言いづらくなります。

チーム外の参加は任意にする（相性が悪い人のものは無理に見ない）

チームメンバーの自分チャンネルには参加した方がよいですが、それ以外のチャンネルは任意参加がよいでしょう。チーム以外の人数も含めると、会社によっては何十人・何百人・何千人という単位で自分チャンネルがつくられていきます。これらをすべて確認するのは、時間がかかりすぎます。

また率直なところですが、人が増えると「この人はあまり好きではない」ということも増えてきます。相性がよくない人の自分チャンネルに参加すると、不必要にテンションが下がります。見る必要がなければ、あえて見なくても良いでしょう。

私自身の経験でも、「気に障る発信」が多い人も正直います。見る必要がないのに、あえて見てテンションを下げるぐらいであれば、いっそバッサリ見ない方が精神的によいでしょう。

テレワークの「コミュニケーションが取りにくい」というデメリットは、実は「嫌いな人とコミュニケーションをとらなくてよい」というメリットにもなりえます。全員と好意的な関係になるのが理想ですが、現実には不可能です。不必要にすべてを見ようとせず、軽やかに流す柔軟性も必要です。

Twitterと連動し、社外発信を兼ねる

コミュニケーションツールの代表例であるSlackでは、Twitterと連動し、投稿した内容を、そのままSlackに持ってくることができます。これを活用すると「社外への発信をしつつ、社内での存在感アピール」もでき、一石二鳥です。

最近、ビジネスにおいてTwitterやnoteなどでの「個人の情報発信」の重要性が高まっています。
コロナ以前は、人間関係の中心は「対面」であり、まずは訪問して挨拶し、打合せや飲み会を通じて信頼関係を構築するスキルがビジネスマンにとって重要でした。ところがコロナにより、このようなスキルが発揮しづらくなりました。
代わりに重要になったのが「自分の知見・経験を発信し、事前に知ってもらい、信頼関係を先につくっておく」という能力です。営業活動においても、コンサルティングなどのアドバイスにおいても、事前にネットで名前や発信内容を知っている人から話をされるのと、見ず知らずの人から話をされるのと、どちらがより有利であるかは言うまでもありません。

私はもともと、ブログなどで外部に情報発信をするのが得意ではなく、特にTwitterのようなつぶやきは非常に苦手だったので、大事だなと思いながらもついつい及び腰になっていました。しかしながら、自分チャンネルによる存在感アピールをしつつ、ついでに社外公開できるものはTwitterでも投稿するという体制をつくることで、ある程度の発信の流れをつくることができました。

私のように「社外への情報発信は大事だが、なかなか踏み出せない」という人は、自分チャンネルと社外発信を連動し、「社内での存在感を出しつつ、ついでに社外にも情報発信しておく」というやり方は有効だと思います。

カレンダーで業務状況を可視化する

テレワークでは、働いている様子が目に見えない分、お互いの状況を別の方法で共有する必要があります。自分チャンネルでの分報でも、一つひとつの動きはある程度わかりますが、「今日どれぐらい忙しいのか」といった状況まではわかりづらい。そこでカレンダーツールを使い、チーム全体の業務状況を可視化しましょう。

What カレンダーツールを活用し、チームメンバーの業務状況を可視化する

毎日の予定をできるだけカレンダーに入れ、お互いの予定を明確にすることが、カレンダーツールでの状況可視化の目的です。打合せや会議だけでなく、作業予定もできるだけ細かく入れましょう。

Googleカレンダーでは、表示を「日」単位にし、カレンダーにチームメンバーを追加しておくことで、1日の状況を表示できます。

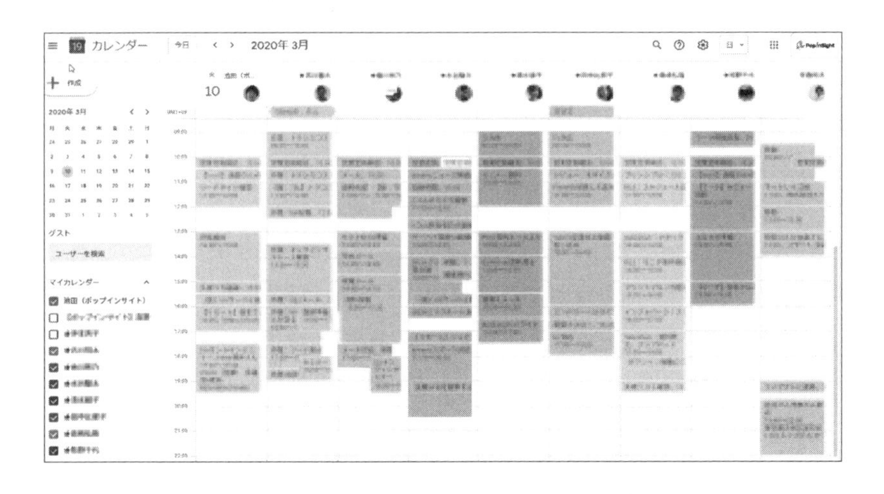

Why 状況がわかると協力しやすい&一体感がでる

カレンダーに作業予定まで入れ共有しておくことはさまざまなメリットがあります。

- **業務の抜け漏れチェックや優先度の指示ができる**
- **お互いの状況が把握でき、協力・サポートしやすい**
- **お互いの状況が把握でき、一体感がでる**
- **自分の行動を後から振り返ることができる**

業務の抜け漏れチェックや優先度の指示ができる

マネージャー視点では、毎日の予定が作業単位で可視化されることで、優先度・重要事項がしっかり反映されているかを確認できます。
私のチームでは、毎日の朝会でカレンダーを表示し各自の予定を共有するので、もし優先度が私の認識と異なる場合は「このタスクもやろう」「午前中は先にこの仕事を進めよう」という指示がすぐに行えます。メンバーからしても、後から指示されるよりも、朝の段階ですり合わせることができ、安心して仕事を進められます。

お互いの状況が把握でき、協力・サポートしやすい

チーム全員の状況が一覧すると、業務の繁閑がわかるので、助け合いやすい。
私のチームでも、ほぼ毎日のように「忙しいようなので、ここは私が代わりにやりますね」というサポート提案があります。逆に、やや立て込んでいて忙しい場合に「誰かこの部分を代わってもらえないか」という相談もよくあります。
忙しさがひと目でわかると、このような相談が気軽にできます。

お互いの状況が把握でき、一体感がでる

協力・サポートしやすいだけでなく、お互いの状況がわかると一体感が高まります。「チームメンバーなのに、何をしてるのかよくわからない」という状況よりも、「チームメンバーがそれぞれ何をしているかがわかる」状況の方が、チームの雰囲気がよくなることは自明です。

「誰が何やってるかよくわからない」ことは、不信感や不和に繋がります。
あるマネージャーが担当しているチームでは、人数は5人程度で少人数にも関わらず、お互いが何をしているかがよくわからず、それが不満になり、また不安につな

がっていました。その話をうけ、マネージャーに「カレンダーや朝会で、状況を共有する取り組みを行いましょう」と提案したところ、この不満の声がなくなり、状況が改善しました。
チームへの関心を育むには、まずチーム各自の状況を知れる状況をつくりましょう。

自分の行動を後から振り返ることができる

カレンダーに作業予定もいれておくと、後から「どんな作業に時間が使われているか」「どんな予定が多かった」という振り返りにも使えます。一つひとつの作業予定に対して、最初に見込みを立て、実際にかかった時間を振り返ることで、自分自身の作業時間の読み精度を高めることにも繋がります。

余談ですが、とあるベンチャー企業のAIを使った新サービス開発のコンサルティングに入っていたときには、カレンダーデータを分析対象の1つに使うという研究開発が行われていました。
カレンダーには「どんな作業だったか」「社外アポなのか社内予定なのか」「誰と同席していたか」といったさまざまな情報が蓄積されています。このデータを用いて、業務効率アップや社内の繋がりを促進できないか、という研究でした。
この種のサービスは今後増えてくると思いますが、AIを使うにせよ、自分で振り返るにせよ、データ化されていることが分析の第一歩となります。しっかりとデータとして活動の足跡を残しておきましょう。

?How カレンダー入力は情報共有コミュニケーションの1つとして周知徹底する

カレンダーをチームコミュニケーション活性化にうまく取り入れるためのポイントを次に示します。

- **業務開始前に予定を入れる（朝会で確認する）**
- **アポイント・会議だけでなく、作業予定も入れる**
- **上司・マネージャーも予定を共有する**
- **実態にあわせ、後から修正する**

業務開始前に予定を入れる(朝会で確認する)

予定を全員で共有するのは、当然ながら始業タイミングです。そのため、1日の予定は、1日の業務時間が始まる前には入れておきましょう。

そもそも予定を立てる習慣がなかったり、カレンダーに使い慣れたりしていないと、朝会段階では予定を入れられていないメンバーもいますが、それでは助け合いづらく、「一体感」も損なわれてしまいます。始業前には一日の予定を分かる範囲でいれておき、朝一番で全員がお互いに確認できるようにしましょう。

アポイント・会議だけでなく、作業予定も入れる

カレンダーで状況を可視化するためのポイントは、アポイント・会議予定だけでなく、作業予定も登録することです。

カレンダーにはアポイントや会議しか入れず、作業時間は個々人の手元で管理している(または管理していない)ケースも多いでしょう。しかしテレワークでは、可視化されていないと、「作業予定がない」ように見えてしまいます。自分だけのためでなく、コミュニケーションの1つとして、作業予定も登録しましょう。

登録する粒度ですが、あまり細かく予定を入れすぎても面倒なので、「30分程度の塊」が1つの目安です。あくまでも「大体の作業状況を可視化する」のが目的なので、複数の予定をまとめて30分〜1時間程度で登録しても問題ありません。

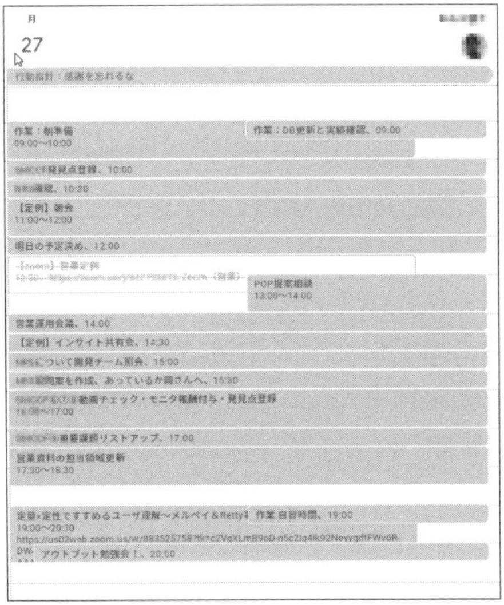

上司・マネージャーも予定を共有する

チームメンバーは、上司・マネージャーへの報告を兼ねて予定登録することにあまり抵抗がないでしょう。しかし、上司やマネージャーは、予定をしっかり登録していなかったり、登録することに抵抗感を抱くケースがあります。チームでの予定共有をスムーズに行うには、上司・マネージャーが自分の予定を登録＆共有することも1つのポイントです。

ポップインサイトは大きく分けて4つのチームがあり、それぞれマネージャーがチームを見ていました。あるとき、私が「全社1on1」という取り組みで、自分のチーム以外も含めて話を聞いていくと、4チーム中2チームで共通の不満がでました。それは「マネージャーが何してるのかよくわからない」というものです。
確かにマネージャーからすると、部下の状況を把握しスムーズな仕事を進めるのは仕事の範疇ですが、自分の状況をわざわざ伝えることは一見不要な取り組み。しかし部下からすると「何してるかよくわからない」というのは不安であり、それが「そもそも仕事してるのか」という不信感にすらつながります。
これをうけ、各マネージャーに「しっかり自分の状況も伝えてほしい」という依頼をしました。私自身も、チームメンバーには、直接業務に関係ないことでもあえて細かく状況を共有するようにしています。

相手の状況を知ろうと思うなら、まず自分から状況を伝えるべし、ということです。

実態にあわせ、後から修正する

カレンダーに作業予定を登録しても、当然ながら仕事を進めると、予定はズレます。想定外に時間がかかることもあれば、緊急の割り込みが入ることもあります。
このとき、できるだけカレンダーは実態にあわせて逐次修正していきましょう。自分自身の予定の再設計にもなりますし、後からの振り返りにも使えますし、翌日にマネージャーへ報告するときにも使えます。

欲を言うと「予定」と「実態」を分けて管理しておき、ズレを確認できると良いでしょう。私自身はExcelを使って、予定と実態をずっとメモしている時期もありました。ただ、ここまで行うのはやや負荷が大きいので、とりあえずはカレンダーの予定を修正すれば良いでしょう。

進捗状況を可視化する

チーム全体のパフォーマンスを明確にする上で、個人の業務状況に加えて、チーム全体の進捗状況も把握する必要があります。進捗状況を明確にすることで、マネージャーは必要な打ち手を早期に打てますし、チームの意識・危機感も変わります。進捗状況の可視化にはさまざまなツール・手法がありますが、どんな状況でも使いやすい手法として、Googleスプレッドシートを用いた方法を紹介します。

What 進捗状況の可視化は、KPIや取り組み進行度合いを全員が見れるツールで可視化する

進捗状況の可視化とは、KPIの達成状況やタスクの進捗状況を全員が見えるようにすることです。専用ツールをわざわざ使わずとも、Googleスプレッドシートや Excelで全体の状況を整理できます。

売上の進捗状況

	予算			実績・見込 ※見込は確度A以上												実績・達成度					
	第1四半期	半期	通期	実績 4月	実績 5月	実績 6月	実績 7月	見込 8月	見込 9月	見込 10月	見込 11月	見込 12月	見込 1月	見込 2月	見込 3月	第1四半期		第1四半期		第1四半期	
売上	10,000	20,000	45,000	1,900	2,600	3,500	1,100	1,000	400	1,000	0	5,000	0	0	0	8,000	80%	10,500	53%	16,500	37%
事業A	5,500	12,000	30,000	900	2,000	2,600	300	1,000	0	1,000	0	0	0	0	0	5,700	104%	7,000	58%	8,000	27%
事業B	2,500	5,000	10,000	800	150	350	600	0	400	0	0	5,000	0	0	0	1,300	52%	2,300	46%	7,300	73%
事業C	2,000	3,000	5,000	200	450	350	200	0	0	0	0	0	0	0	0	1,000	50%	1,200	40%	1,200	24%
営業利益	1,000	2,000	5,000	-100	-150	300	500									50	5%	550	28%	550	11%

進捗状況の種類を次に示します。

- **売上・アポ数などの数値目標の達成度**
- **納期までの開発工数・処理数などの消化度**

時間軸の種類を次に示します。

- **通年・四半期など、会計タイミングに基づく時間軸**
- **プロジェクトの納期・長さに基づく時間軸**

本書では、チームコミュニケーションの精度を高めるという目的で、前述のいずれについても当てはまる一般的な内容を考えていきます。

Why 状況に応じて最適な打ち手を早期に打てる

進捗状況を可視化しておくことはさまざまな観点で重要です。その理由を次に示します。

- **状況の良し悪しが判断できる**
- **状況が悪い場合、早期に手が打てる**
- **状況が悪い場合、危機感をチームで共有できる**
- **状況が良い場合、より中長期的な打ち手を打てる**

状況の良し悪しが判断できる

当たり前のことですが、進捗状況がわからないと、状況の良し悪しが判断できません。予定と実績の乖離状況を把握することで、はじめて状況を判断できます。
「なんとなくまずそう」「うまく進んでない気がする」といった主観的・感情的な判断だと、チーム全体へのコミュニケーションや、チーム以外のステークホルダーとのコミュニケーションができません。「目標100に対し、現状は50で達成率50%しかない」といった形で説明できるようにしましょう。

状況が悪い場合、早期に手が打てる

状況が悪いということは、そのまま何もせずに過ごしていると、目標・納期を達成できない可能性が高いということです。そのことが早期にわかれば、それだけ早く改善の手を打てます。

私がクラウドソーシングでのディレクション企業を経営していた際には、非常に短納期で、大量の処理を行う案件が多数ありました。
あるとき、3月末までに1,000件の文書を納品するという仕事がありました。2月頭からスタートしましたが、2週間ほど経ってもまだ50件程度しか納品ができていません。すでに25%の時間が経っているわけで、250件程度は納品できている必要がありました。
状況はモニタリングできていたので、ディレクション担当のメンバーに確認すると、予想以上に業務内容が難しく、募集してもライターがどんどんやめてしまい、なかなか消化できないという状況がわかりました。それが早いタイミングで把握できたので、急遽ディレクションを交代し、早期に立て直しの手を打つことができました。

この案件では、実際にはそもそもの受注計画に無理があり、クライアントにも相談して納期を少し伸ばしてもらうことになったのですが、もう少し確認が遅れていればもっと悲惨な状況になっていたことは想像に難くありません。

状況が悪い場合、危機感をチームで共有できる

進捗状況をメンバー全員で把握できると、自然とチーム全体の危機感を高めることができます。
マネージャーとチームメンバーだと、どうしても向き合っている業務成果・責任範囲が異なるため、危機感の温度差が生まれがちです。マネージャーサイドは「こんなに焦っているのに現場はなぜそんなに悠長に仕事しているのか」という不満・不信感を募らせてしまいます。
しかしメンバーサイドからすると、進捗状況がよくわかっていないので、「なんでそんなに焦っているのかわからない」という状況だったりします。悪意はないのです。
マネージャーとしては、まず進捗をしっかりとメンバーに共有し、予算・予定に対して困難な状況にいることを客観的に伝えるべきです。そこではじめて危機感の前提が揃い、気持ちを共有しやすくなります。

状況が良い場合、より中長期的な打ち手を打てる

状況に余裕がある場合は、精神的に大きくゆとりがでます。そのゆとりが油断・慢心につながることは危険ですが、余裕があることで、より中長期的な成長を見据えた施策を考えることができます。

ポップインサイトがメンバーズのグループ会社になった直後は、最初は業績にも余裕がなかったため、私自身もコンサル業務や案件サポートに入り、現場的な仕事をこなしていました。
ところがグループ化2年目には、ありがたいことに市場からの需要も増え、徐々に業績にも余裕がでてきました。ある程度の余裕があることが早いタイミングでわかったため、個人コンサル的な業務をやめ、より先々の成長に向けた仕込みを始めることができ、持続的に成長できる体制に早期にシフトすることができました。

?How KPIをすぐ見えるようにする

進捗状況を可視化するための基本的な方法を次に示します。

- ●**KPIを定める**
- ●**KPIの元データの入力方法を決める**
- ●**KPIを集計する**
- ●**共有・報告しやすいフォーマットをつくる**

KPIを定める

進捗を把握するには、まずKPIを定める必要があります。KPIの定め方についてはさまざまな書籍が出ているので専門的な説明はそちらに譲り、ここでは私自身がさまざまな立場においてよく見ていたKPIを例示します。

立場	タイプ	主なKPI	KPIの測定タイミング
会社全体のマネージャー（経営者）	業績達成	●売上 ●営業利益	月次
営業チームのマネージャー	業績達成	●売上 ●商談数・アポ数	週次
マーケティングチームのマネージャー	業績達成	●商談数 ●リスト獲得数 ●ウェビナー企画実施数	週次
クラウドソーシング案件のマネージャー	納期	●納品数（作業処理数）	日次

上場企業の場合は、ほぼ確実に何らかの「予算」を設定するため、目指すべき目標は明らかになっています。

一方で、非上場企業で予算がなかったり、バックオフィスなど数値目標が定めづらい部署であったりすると、目標が設定しづらい場合もあります。また最近は「あえて全社目標を設定しない」という会社もあります。その場合も、おそらくプロジェクト・案件などの個別の取り組みにおいては、何がしかの目標・納期が発生すると思いますので、それらをKPIにできると良いでしょう。

KPIの元データの入力方法を決める

KPIが定まったら、KPIを計測するための元データとなる活動・結果の入力方法を決めましょう。事前に入力フォーマットを用意しておき、各担当者には「プルダウン」「数値」など、簡単な入力ができるように用意しておきましょう。

A	B	C	D	E	F
時期	事業	案件	担当	売上（千円）	確度
8月	事業A	案件47	池田	300	受注
8月	事業A	案件48	池田	500	A
9月	事業B	案件49	きぬこ	200	受注
9月	事業B	案件50	きぬこ	500	C
9月	事業B	案件51	きぬこ	200	A
10月	事業A	案件52	池田	1000	A
10月	事業B	案件53	きぬこ	300	C
10月	事業C	案件54	みゆきち	500	C
11月	事業A	案件55	池田	1000	B
11月	事業B	案件56	きぬこ	300	C

A	B	C	D
案件	担当	作業シート	ステータス
案件1	池田	https://docs.goog	9.完了
案件2	池田	https://docs.goog	3.修正指示中
案件3	池田	https://docs.goog	3.修正指示中
案件4	池田	https://docs.goog	3.修正指示中
案件5	池田	https://docs.goog	0.未着手
案件6	きぬこ	https://docs.goog	9.完了
案件7	きぬこ	https://docs.goog	9.完了
案件8	きぬこ	https://docs.goog	9.完了
案件9	きぬこ	https://docs.goog	9.完了
案件10	きぬこ	https://docs.goog	9.完了
案件11	きぬこ	https://docs.goog	3.修正指示中
案件12	きぬこ	https://docs.goog	3.修正指示中
案件13	きぬこ	https://docs.goog	9.完了

KPIを集計する

元データが入力されたら、それらを集計します。実績と予算・予定とのギャップを明確にすると良いですが、予算がチームメンバーの頭に入っている場合には、実績だけでも十分な情報でしょう。

予算の進捗状況

	予算			実績・見込 ※見込は確度A以上												実績・進捗度					
	第1四半期	半期	通期	実績	実績	実績	実績	見込	見込	見込	見込	見込	見込	見込	見込	第1四半期		第1四半期		第1四半期	
				4月	5月	6月	7月	8月	9月	10月	11月	12月	1月	2月	3月						
売上	10,000	20,000	45,000	1,900	2,600	3,500	1,100	1,000	400	1,000	0	5,000	0	0	0	8,000	80%	10,500	53%	16,500	37%
事業A	5,500	12,000	30,000	900	2,000	2,800	300	1,000	0	1,000	0	0	0	0	0	5,700	104%	7,000	58%	8,000	27%
事業B	2,500	5,000	10,000	800	150	350	500	0	400	0	0	5,000	0	0	0	1,300	52%	2,300	46%	7,300	73%
事業C	2,000	3,000	5,000	200	450	350	200	0	0	0	0	0	0	0	0	1,000	50%	1,200	40%	1,200	24%
営業利益	1,000	2,000	5,000	-100	-150	300	500									50	5%	550	28%	550	11%

売上の進捗状況を可視化

担当	担当数	未終了	完了率	0.未着手	1.作業中	2.初版完成（確認待ち）	3.修正指示中	9.完了
池田	5	4	20%	1	0	0	3	1
きぬこ	15	9	40%	3	4	0	2	6
みゆきち	20	16	20%	8	3	3	2	4
コーヘー	10	9	10%	7	2	0	0	1
全体	**50**	**38**	**24%**	**19**	**9**	**3**	**7**	**12**

作業進捗状況を可視化

集計を行うときに便利なGoogleスプレッドシートの関数も紹介します。

関数	内容
SUM	特定範囲または指定したセルの数値を合算
COUNTIFS	複数の条件にマッチした行数をカウント
SUMIFS	複数の条件にマッチしたもののうち、特定列の数値を合算
VLOOKUP	特定条件にマッチした情報を参照

共有・報告しやすいフォーマットをつくる

集計したKPIは、チームメンバーだけでなく、上司やステークホルダーとのコミュニケーションでも大いに活用できます。

画面キャプチャやコピペで共有しやすいように、見やすさも担保しましょう。見やすさのコツは「大事な情報を目立たせる」ことです。すべての情報を同列に列挙するのではなく、特に重要な情報を目立たせることで、パッと見て何を見るべきかがわかります。

分報・日報で業務状況を共有する

テレワークでは、相手が何しているかの様子が見えません。意識的に状況を共有しないと、どんな作業にどれぐらい時間がかかっているかもわかりませんし、何かに躓いているかどうかもわかりません。
様子を可視化するために重要なのが、分報や日報の共有です。

What 分報は作業過程を共有し、日報では1日単位の振り返りを共有する

分報とは、作業の過程をリアルタイムに報告していく取り組みです。先に紹介した「自分チャンネル」などで、できるだけ細かく状況や過程を共有します。文章で伝えることもあれば、作業過程のアウトプットをそのまま貼り付けるだけの場合もあります。

清水 絹子(Kinuko Shimizu) 06:28
朝会ToDO：
・昨日の動画の編集は　さんお願いする想定でいいか確認
・クラウドワークスの謝礼周りの確認と継続依頼する人もクラウドワークス上なのか個別なのか確認 (編集済み)
お願いしちゃってたのか‥

清水 絹子(Kinuko Shimizu) 06:44
の資料メール確認依頼する：
https://satr.jp/campaign_mails/98804/edit

清水 絹子(Kinuko Shimizu) 06:46
ん？？EFも開催曜日がおかしい‥もし金曜なら7日だからエッジともかぶらんな
1 件の返信 7日前

清水 絹子(Kinuko Shimizu) 06:49

清水 絹子(Kinuko Shimizu) 08:58

清水 絹子(Kinuko Shimizu) 11:09
ギフテッドってそもそもカンパニーじゃないのか

6 件の返信 最終返信: 7日前

清水 絹子(Kinuko Shimizu) 12:10
ギフテッドの資料なかなかに重いが逆にこれ作りこめば今後のセミナーも改善するのではと

日報とは、1日の終わりにその日の作業内容・取り組みをまとめて報告する取り組みです。ある程度のフォーマットを決め、その内容に即した形で報告していくケースが多いでしょう。

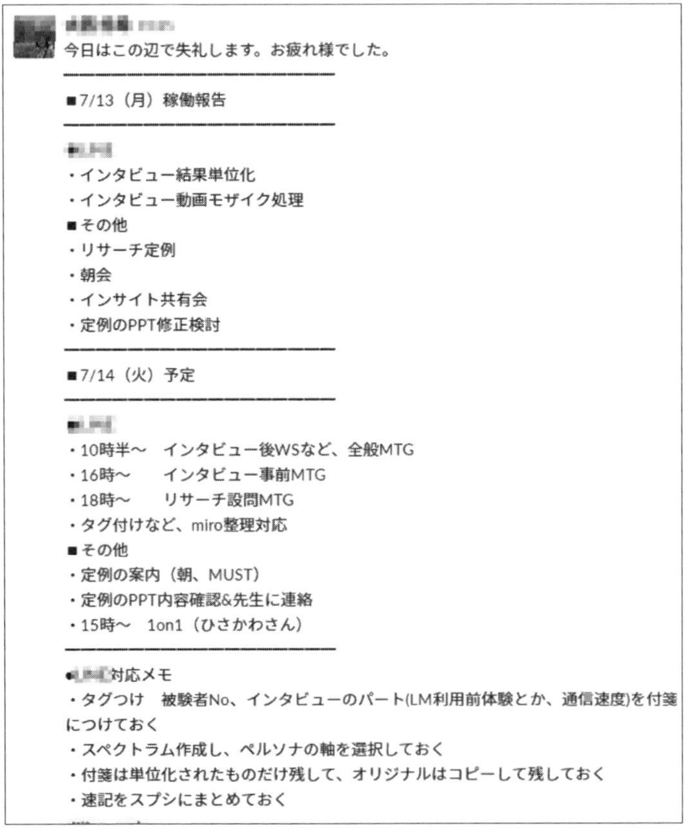

今日はこの辺で失礼します。お疲れ様でした。

■7/13（月）稼働報告

・インタビュー結果単位化
・インタビュー動画モザイク処理
■その他
・リサーチ定例
・朝会
・インサイト共有会
・定例のPPT修正検討

■7/14（火）予定

・10時半～　インタビュー後WSなど、全般MTG
・16時～　インタビュー事前MTG
・18時～　リサーチ設問MTG
・タグ付けなど、miro整理対応
■その他
・定例の案内（朝、MUST）
・定例のPPT内容確認&先生に連絡
・15時～　1on1（ひさかわさん）

●対応メモ
・タグつけ　被験者No、インタビューのパート(LM利用前体験とか、通信速度)を付箋につけておく
・スペクトラム作成し、ペルソナの軸を選択しておく
・付箋は単位化されたものだけ残して、オリジナルはコピーして残しておく
・速記をスプシにまとめておく

Why 個々の状況の解像度をあげ、協力しやすさを高める

テレワークで、分報・日報のような状況共有の仕組みが重要となる理由を次に示します。

- **分報は、リアルタイムに状況がわかるので、サポートしやすい**
- **日報は、1日を振り返る機会になり、成長を支援しやすい**
- **プロセスがわかることで、好意的に評価しやすい**

分報は、リアルタイムに状況がわかるので、サポートしやすい

分報で細かく状況がわかると、作業でわからない点や課題が出ていることも察知できます。どんな悩みがあるかがわかれば、上司やチームメンバーも早いタイミングでサポートをすることができます。

例えば先日も、私のチームメンバーの一人が「言葉のバリエーションが少ない」という悩みを投稿してくれていました。
この投稿をみて、類語辞典というツールを知っている人であれば、「類語辞典を使うといい」とすぐにアドバイスできます。

7月20日 13:57
うーん
アレコレって言葉を丁寧にわかりやすく伝えたいけど、語彙力無さ過ぎて何も出てこない！！！

4 件の返信

Tomohiro Ikeda 池田朋弘 3日前
ヒント：シソーラス

Tomohiro Ikeda 池田朋弘 3日前
https://thesaurus.weblio.jp/content/%E3%81%82%E3%82%8C%E3%81%93%E3%82%8C

日報は、1日を振り返る機会になり、成長を支援しやすい

日報による振り返りは学習・成長にとても有効です。単に作業内容だけでなく、その日の気づき・学び・反省を含めることで、1日の取り組みを反すうできます。言語化すると、頭の中で漠然と思うだけでなく、具体化することができます。
これらを習慣的に続ける場合と、続けない場合、どちらのほうが成長できるか、言うまでもありません。

プロセスがわかることで、好意的に評価しやすい

カレンダーなどで1日の予定共有を行ったとしても、あくまでも「大体の予定」しかわかりません。各作業の詳しい状況はなかなか見えません。オフィスで横に座っていれば、どんな作業をしているのか、大変なのか余裕があるのかもわかりますが、テレワークではわかりません。
分報・日報により、作業状況や作業途中の感情・気持ちを共有すると、これらの課題をある程度解消することができます。

作業の様子＝プロセスがわかると、アウトプットに至るまでの頑張り・努力・工夫・心情なども理解できます。これらが理解できることで、アウトプットの質だけでなく、その過程も含めてその人の取り組みを評価しやすくなります。

テレワークは「アウトプットがすべて」という主張があります。極端にいうと「アウトプットがよければサボっていても良し。逆にどんなに頑張っても、アウトプットがダメなら価値なし」という主張です。
このような視点も一理あると思いますが、チームワークや組織のカルチャーづくりという観点で、個人的には反対です。

海外はジョブ型雇用といわれ、職務内容（job description）が明確になっており、成果も明確です。一方で多くの日本の企業の場合、メンバーシップ型雇用といわれ、社員は会社の仲間として、特定の役割はもちろんのこと、自分の職務にとらわれず会社全体の視点で考えたり助けたりするような複合的な役割を期待されています。このような背景もあり、日本の企業では、成果だけでなく、頑張り・やる気・組織全体への貢献といったさまざまな観点を評価していたはずです。それによって、短期的な成果がなかなか出せなくても頑張ろうという雰囲気が生まれ、チームや会社を牽引するメンバーを育ててきたと思います。このような状況を無視し、ただ働き方がオフィスワークからテレワークに変わったという表面的な変化だけで、急にアウトプットがすべてという極端な成果主義に移行するのは無理があるでしょう。
プロセスを評価しようとすると、当然ながらアウトプットだけでなく、その過程もしっかり把握する必要があります。過程が見える化されていれば、テレワークであっても、成果志向になりすぎない評価が実現できます。

また「動きが見えない」という状況は、不安・不信感を醸成してしまい、コミュニケーション面でもマイナスです。どんな取り組みをしているかがわかるだけでも、安心・信頼を得られます。

How 状況共有の重要性を周知する

分報・日報をうまく活用していくためのポイントを次に示します。

- **自分チャンネルをつくっておく**
- **分報の共有パターンを伝えておく**
- **日報フォーマットには、振り返り＆学びを含める**
- **日報の振り返り＆学びは後からリストアップする**

自分チャンネルをつくっておく

日報や分報の報告は、上司への個別連絡でなく、「自分チャンネル」をオススメします。チャンネルメンバー全員に周知することができますし、メールよりも絵文字なども使ってコメントしやすくなります（自分チャンネルの詳細はP.142をご覧ください）。

分報の共有パターンを伝えておく

「できるだけ状況をリアルタイムに教えてね」と言うだけでは、うまくできる人は少ない。個人的な感覚では、最初から分報がうまくできるのは3人に1人ぐらいです。分報のよくあるパターンは、P.146でまとめているので、ぜひご覧ください。

日報フォーマットには、振り返り＆学びを含める

日報はフォーマットをつくることが多いと思いますが、ただの業務進捗ではなく、「振り返り＆学び」パートを含めましょう。振り返り＆学びが1日1個あれば、1年で200個も学びを得ることができ、大きな資産になります。

日報の振り返り＆学びは後からリストアップする

日報での振り返り＆学びは、毎日の日報にいれるだけでなく、後からExcel・スプレッドシートなどでリストアップしていくことをオススメします。振り返り＆学びは、当然ながら「うまくいかなかったこと」が多いため、捉え方によっては「また失敗した」とネガティブな気持ちになってしまいます。しかしリスト化していくことで、「経験が溜まっている」という感覚になり得した気分になります。

私は社会人3年目のときに大きな失敗をし、自信を完全になくした時期がありました。頑張っても結果がついてこず、「自分はできないやつだ」というマイナスな感情にとらわれてしまったのです。それまでの自分の考え方は「成功＝自分の能力が肯定される」「失敗＝自分の能力が否定される」というものでした。

しかし残念ながら、結果は自分自身の能力云々でなく、外部環境に大きく依存します。自分がどんなに頑張っても成果が出せないときもありますし、逆もしかり。結果から自己評価をつけるということは、環境に自分の価値を委ねるという危険な行為です。

そこで考え方を180度変え、「失敗＝学びを得た」という捉え方をしようと思いました。そのための具体的なツールが「失敗リスト」です。何か失敗やうまくいかないことがあったら、失敗リストに追記していきます。すると、追記した分だけ、追記する前の自分よりも学び・経験を得ており、成長していることがわかります。成功するか失敗するかは外部環境次第ですが、失敗を失敗と捉えるのか成長と捉えるのかは自分の心の持ちようです。

このようにスタンスを変えた結果､失敗が全く怖くなくなりました。当時はサラリーマンだったため、「お金をもらって失敗できるなんて、とてもおいしい」という考え方になったのです。その結果、仕事はうまくいくようになりました。起業し、波乱万丈で失敗続きの時期が長く続きましたが、なにかトラブルが起きても「また成長してよかった。いつか本にでも書くネタになったな」という気持ちで乗り切ることができました。何社も創業してM&Aを何度も経験し、30代ながら東証一部上場企業の役員になり、出版という機会に恵まれたのも、20代の途中でこのようなマインドセットに切り替えられたおかげです。

目的	・日々の経験･体験を蓄積する。 ・定期的に振り返り、経験を血肉化する。

記入日	大分類	小分類	対象	重要度	反省･盗みたいスキル	詳細	コツ･方法論	例
2010/8/2	ワークスタイル	日々の作業	(反省)	★★	・単純タスクはチェックリストを作る。	なんとなくやると、必ずミスが発生する。	・チェックリスト化する。	・ユーザ調査で音声をOFFにしたままだった
2010/8/2	ワークスタイル	日々の作業	(反省)	★★	・すぐに作業を始める	予定時間になっても、ニュース閲覧などをしてしまう	・「速攻開始」を癖にする。	
2010/8/3	個別タスク	納品	(反省)	★	・工数を厳しめに見る。	画面注記などはかなり時間がかかる。	・納品内容により工数を見積もる。	・1.5日程度で終わるはずが、結局2日かかった
2010/8/3	個別タスク	ユーザ調査まとめ	(反省)	★	・工数を厳しめに見る。	結論がスパっと出ない場合、調査まとめには時間がかかる。ある程度時間に余裕をもって見積もりすべし。	・作業見積もりをキチンと行う。 ・より簡略化したアウトプットにする。	・ログまとめ後、4時間程度の想定が7時間かかった。 ・傷[illegible]、やはり時間がかかった。
2010/8/3	個別タスク	リニューアル方針	(反省)	★	・一人で悩みすぎない。	上位概念は悩み始めるとドツボにはまるため、無理だったら別	・あまり悩みすぎない。	・方針すりあわせの後、2時間程度の予定が4時間程度かかって

失敗リスト。2010 年 8 月は社会人 3 年目だったが、その時点でもこんなに毎日学びばかり

画面キャプチャを活用する

文字・文章は、人類が広く正確に情報を伝達するために生み出した叡智の1つですが、当然ながら万能ではありません。文章だけではどうしても伝えづらいこと・表現しづらいことがたくさんあります。
そこで活用したいのが「画面キャプチャ」です。

What 画面キャプチャは、資料・作業様子などを、画像として保存するもの

画面キャプチャは、画面の一部を画像として保存したものです。例えば以下のようなものを画面キャプチャとして保存します。

- **資料**
- **写真**
- **Webサイトやアプリケーションの画面**
- **チャットツールでのやり取り**

本書でも、さまざまなパートで画面キャプチャ（画面様子の画像）を差し込んでいます。

画面キャプチャは、WindowsでもMacでも標準機能となっており、新しいツールを導入する必要はありません（機能の詳細はP.72をご覧ください）。

Why 百文は一見にしかず、画像だと圧倒的に情報を伝えやすい

画面キャプチャを自然と使えるようになると次のメリットがあります。

- **文章では伝えづらい情報を伝えられる**
- **認識の食い違いが起きづらい**
- **画面キャプチャの作成は非常に簡単**

文章では伝えづらい情報を伝えられる

文章で伝えづらい情報も、画像であれば一発で伝えられます。

ここではGoogleドキュメントでの「見出し」の方法を説明します。文章で説明すると次の通りです。

> 画面上部のツールバーの中に「標準テキスト」と書いてあるボックスがあります。そのボックスをクリックすると、その中に書式設定の一覧が出ます。その中で「見出し」を選んでください。見出しには1～6までありますが、今回は見出し3を選んでください

これを画面キャプチャで説明すると次の通りになります。

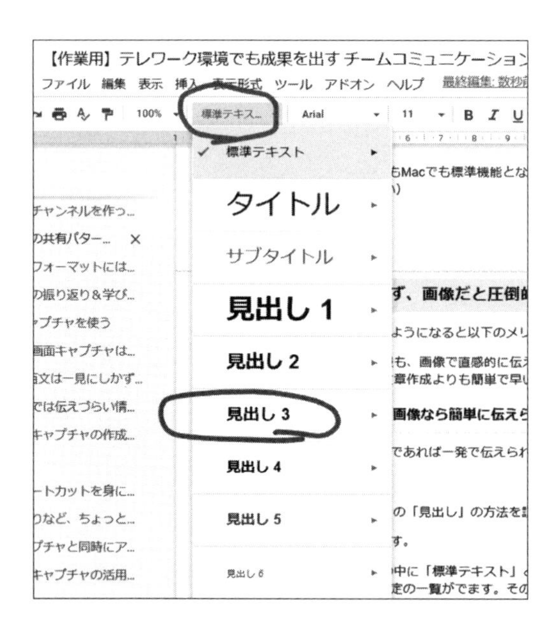

どちらの方が簡単に情報を伝えられるか、一目瞭然です。

認識の食い違いが起きづらい

文字を使ったコミュニケーションは、認識の食い違いが起きやすいという欠点があります。同じ文章や言葉を見ても、そこから連想する具体的なイメージは人によって異なるからです。

例えば資料のアウトプットのイメージを伝えるときに、文章でこのように指示したとします。

”価格”と”機能”で自社・競合を整理して

この指示を見て、皆さんならどのような資料をつくろうと思うでしょうか？　表計算ソフトで整理したり、縦横の２軸の図をつくったり、さまざまなやり方を想像するでしょう。

この指示が、以下のように画面キャプチャつきでの指示だったらどうでしょう。

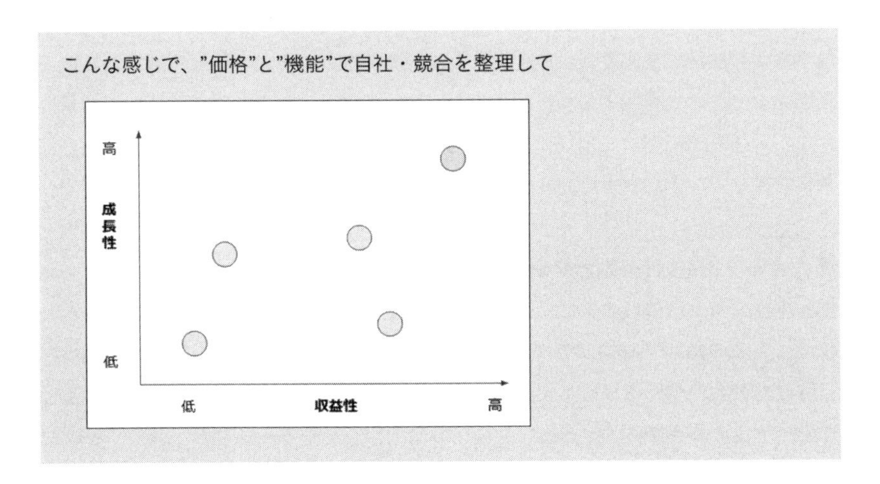

言葉だけの指示と比べて、アウトプットイメージの「ブレ」が圧倒的に減ります。

私が経営していた会社では、新しくつくるサービスやプロダクトが、ユーザにとって価値があるかどうかを検証するための調査サービスを提供していました。このリサーチで重要だったのが「プロトタイピング」と呼ばれる手法でした。

プロトタイピングとは、まだプロダクトやサービスが完成していない段階でも、PowerPointやデザインツールなどで「もし完成していたらこんなもの」として可視化する手法です。
新しいサービスやプロダクトについて調査をしようと思っても、まだ具体的なモノがありません。「こういうサービスがあったらほしいですか？」と質問することはできますが、「こういうサービス」を言葉で説明しても、そのサービスが具体的にどういうものかと想像するかは人によって異なります。

例えば「飲食店をムードで検索できるサービスがあったら使いたいですか？」と質問したとします。「ムードで検索」が具体的にどんなものなのか、人により異なる想像をするでしょう。その異なる想像に基づいて「使いたい」「使いたくない」という反応があっても、そもそも違うものを想起して回答している可能性が高く、ほとんど参考になりません。このときに「ムードで検索」を具体的な画面イメージに落とし、それに基づいて調査を行うものがプロトタイピングという進め方です。

「人の背景や経験は千差万別であり、同じ言葉を見ても、同じものを想起するとは限らない」というのがプロトタイピングの前提です。コミュニケーションにおいて画面キャプチャが有用であるというのも、根底の考え方はプロトタイピングと同様です。「同じ言葉を見ても、人によって捉え方が異なる可能性がある」ということは常に意識しておきたい考え方です。

画面キャプチャの作成は非常に簡単

画面キャプチャは慣れるととても簡単です。後ほど紹介するショートカットを覚えれば、ものの数秒で作成できます。先ほどのGoogleドキュメントの例でも、わざわざ言葉で説明するよりも、画面キャプチャを撮って送ったほうが圧倒的に早くて効率的。このようなちょっとした生産性の向上が、テレワークでの仕事力アップに大きく効いてきます。

?How すぐ使えるようにショートカットを覚えて慣れる

画面キャプチャを自由自在に使いこなし、コミュニケーションでの伝達力を上げるためのポイントを次に示します。

- **ショートカットを身につける**
- **画面キャプチャの活用シーンを知る**
- **上塗りなど、ちょっとした編集スキルを身につける**
- **キャプチャと同時にアップロードし、URLで共有できるようにする（Gyazo）**

ショートカットを身につける

画面キャプチャには、WindowsでもMacでもショートカットキーがあります。コピー＆ペーストと同じぐらい自然と使えるように、何度か練習して慣れましょう。

OS	コマンド
Windows の場合（切り取り＆スケッチ）	Shift ＋ Windows キー ＋ S
Mac の場合	shift ＋ command ＋ 4

画面キャプチャの活用シーンを知る

画面キャプチャを使うことで情報伝達が簡便になるシーンを抑えておきましょう。一言でいうと「文章だけでわかりづらい・誤認される可能性がありそうなとき」は、画面キャプチャを使えると良いでしょう。以下にシーンを例示しておきます。

画面キャプチャが使えるシーン	具体例
資料の状況を共有	

<table>
<tr>
<td>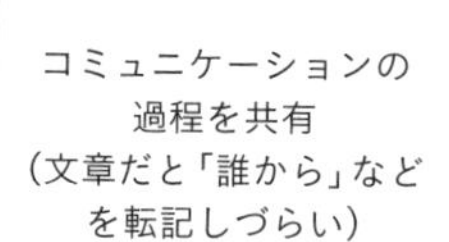
コミュニケーションの
過程を共有
（文章だと「誰から」など
を転記しづらい）</td>
<td>

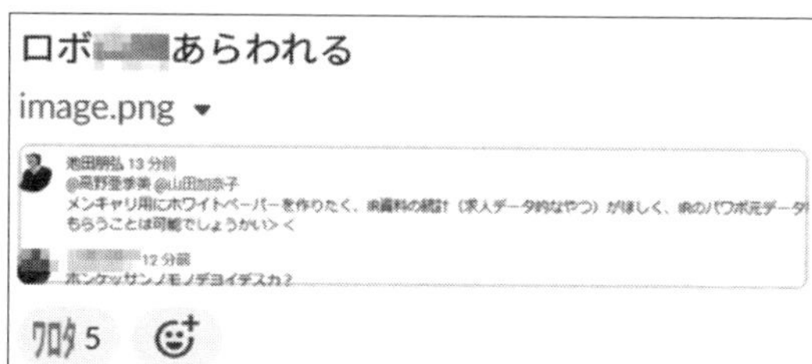
</td>
</tr>
<tr>
<td>画面イメージを共有</td>
<td>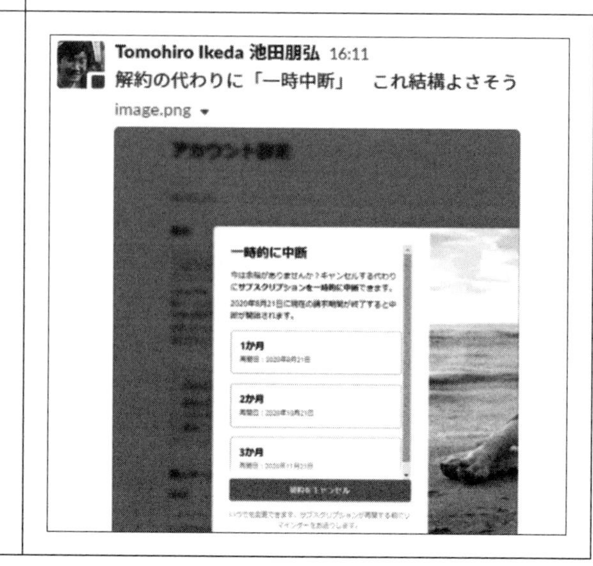
</td>
</tr>
</table>

上塗りなど、ちょっとした編集スキルを身につける

画面キャプチャはそのまま使うことが多いですが、場合によっては「一部の情報だけ隠したい」「一部を目立たせない」などの微調整が必要なこともあります。このようなちょっとした編集も、標準の画像ツールなどを使えばできますので、慣れておきましょう。

Windowsの場合、切り取り＆スケッチを開くと、そのまま編集できます。上部のペンツールを使うことで、情報を足したり消したりすることができます。

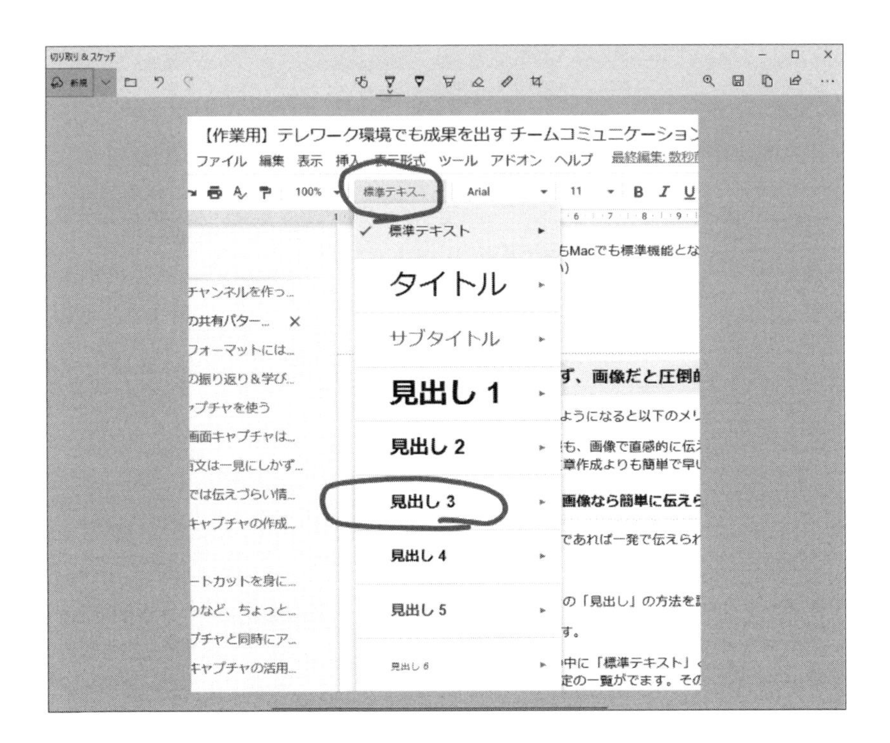

また画面キャプチャ時に、四角形だけでなく、一部のみを切り取るようなこともできます。

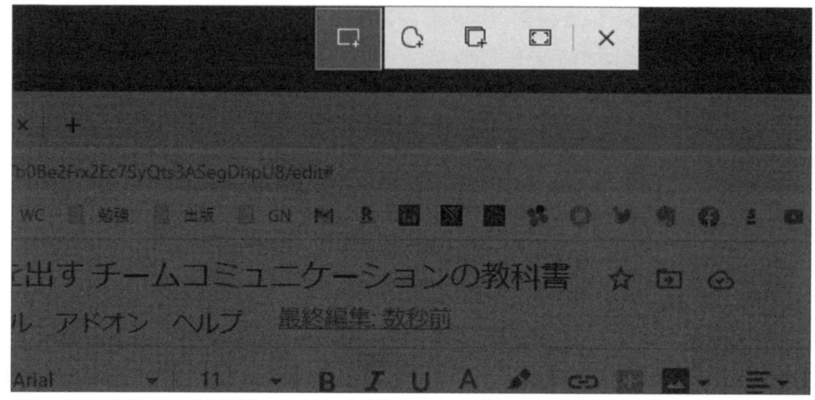

四角形だけでなく、丸などの特殊なキャプチャも撮られる

Macの場合にもプレビューを使用することで画像編集を行うことが可能です。

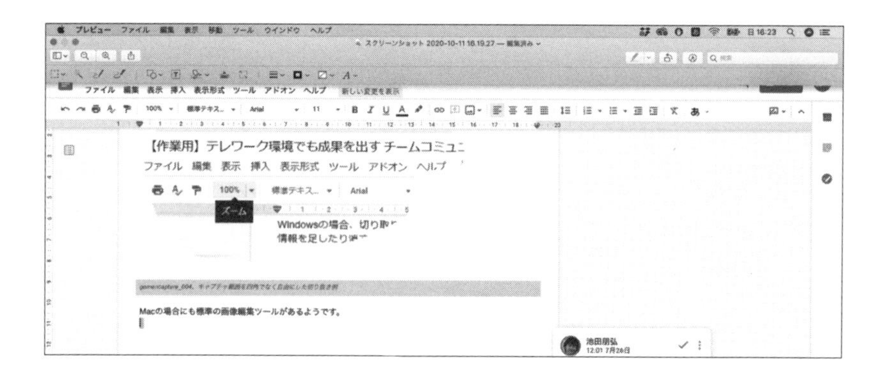

キャプチャと同時にアップロードし、URLで共有できるようにする(Gyazo)

画面キャプチャは画像ファイルとして保存されるため、テキストに含めることができません。Gyazoというサービスを使うと、キャプチャした瞬間に自動的にアップロードされ、URLが生成されるので、共有まで一度で済むため便利（Gyazoの詳細はP.73)。

■1. 業績について

・今期の業績は昨年より120%アップ
https://[illegible]/gyazo/img/29c2b8df662480cd5ed6d4200a37c78b.png

・A社のように対外的に露出可能な事例もあり
https://[illegible]/gyazo/img/51c2b8df66asdagarqwrxcsadasfarqwrq.png

テキストの詳細説明として画面キャプチャURLを配置。1クリックで該当画像が開けるので情報を共有しやすい

スクリーン録画を活用する

文章だけで伝えられないときには画面キャプチャの活用を推奨しました。しかし、複数の画面をまたぐものや、画面の切り替わりが多いアプリケーションの説明などの複雑な内容は、画像であっても伝えづらいことがあります。
そんなときにはスクリーン録画を活用しましょう。

What スクリーン録画は、画面操作と音声を録画したもの

スクリーン録画は、画面操作と音声を同時に録画した動画データです。例えば、以下のものをスクリーン録画として保存します。

- **特定アプリケーションの操作方法**
- **複数アプリケーションを横断した作業の方法**
- **資料の作成方法**

スクリーン録画も、画面キャプチャと同様に、WindowsでもMacでも標準機能があります。ただし画像と違って共有がしづらいため、スクリーン録画＆共有専用ツール（Loom）が使える場合はそちらを推奨します（詳細はP.75をご覧ください）。

Why 映像の方が圧倒的に伝えやすい

画面キャプチャだけでなく、スクリーン録画も覚えておくべき理由は以下です。

- **文章＋画像より、複雑な情報を伝えられる**
- **文章＋画像より、喋りながら録画する方がラク**
- **オンライン会議と違って非同期でよく、後から見返しもしやすい**

文章＋画像より、複雑な情報を伝えられる

文章だけの説明より、画面キャプチャがある方が圧倒的に情報が伝えやすいです。しかし、次のケースでは、文章と画像だけでは説明しづらくなります。

- **画面の切り替わりが激しいアプリケーション（画面キャプチャを何度も撮る必要がある）**
- **複数のアプリケーションを横断した作業（画面キャプチャが何度も必要だし、各画面面間の関係性がわかりづらい）**
- **資料などの作成方法（単なる操作方法だけでなく、考え方なども同時に伝える必要がある）**

そんなとき、スクリーン録画で映像を伝えることができると圧倒的に楽です。以下は、Googleドキュメントで「見出しの見た目を変える」ためのスクリーン録画（スマホでも閲覧可能）です。この内容を文章と画像でつくろうとすると、場合によってはマニュアル作成のように画面キャプチャを何枚もつくる必要があり、見る側も理解しづらいですが、動画なら簡単に理解できます。

https://www.loom.com/share/50404749eaae4bf29348efcd941f1a99

スクリーン録画での情報共有は非常に効果的という例があります。
私の2回目の起業経験は、クラウドソーシングという事業でした。文章作成などのパソコンでできる業務を請負い、インターネット上で働きたい人を集めて仕事を割り振るという事業です。
さまざまな案件をこなす中で痛感したのは「インターネット越しのコミュニケーションで、正しく情報を伝えるのは非常に難しい」ということです。
あるとき、「四季報から、企業の採用予定人数を確認し、数値を取得する」という依頼がありました。四季報掲載企業は何千とあるため、何十人かで作業を分担し、最終的には企業別の採用予定人数リストをつくりたい、という案件です。やることは単純です。四季報のページの中にある特定の箇所を間違いなく確認し、定められたルールで数値を入力するだけです。ところが、このレベルの仕事であっても、文章と画像だけで説明すると、かなり多くの人が間違った作業をしてきます。確認する箇所を間違えていたり、入力する方法を間違えていたり、思いも寄らないミスが多発します。
この案件では、応募時に作業テストをし、正解していた人だけを採用したのですが、100人中60人ぐらいは何かしらのミスがあり不採用になりました（つまり正解率は40%程度）。このレベルの作業でも、これだけミスがあるわけで、いわんやもっと複雑な依頼においてをや。

ここで効果を発揮したのがスクリーン録画です。スクリーン録画を使い、作業内容を動画で説明することで、このようなミスや誤認識が劇的に減りました。仕事をする側からしても、動画で説明されていることで内容を理解しやすいですし、スクリーン録画を活用して仕事内容を説明している競合サービス（依頼者）がほぼいない中では「ちゃんと説明してくれる会社だ」と信頼を勝ち取る効果もあったでしょう。

文章＋画像より、喋りながら録画する方がラク

説明する側としても、実は文章＋画像で説明内容をつくるよりも、スクリーン録画の方が作業的に楽です。
先ほどのGoogleドキュメントの「見出しの見た目を変える」の説明のサンプル動画の作成時間はわずか1分（動画時間と同じ）です。同じ内容を文章と画像で説明しようとすると、数分〜10分程度はかかってしまいます。もっと複雑な操作になると、文章・画像で資料作成するのは大きな手間です。しかも頑張ってつくっても、内容が正確に伝わらない可能性も高い。
スクリーン録画が使えると、情報を発信する側も受信する側も、コミュニケーションコストが数分の1〜10分の1程度になります。

この数年間で、スクリーン録画を使って説明した回数は数千回を超えるでしょう。わざわざ文章や画面キャプチャを組み合わせて説明資料をつくるよりも圧倒的に楽だからです。

外資系企業に勤める友人にこの話をしたところ「海外の人はスクリーン録画をよく送ってくる」ということです。スクリーン録画ツールのLoomは、世界での利用者が400万人を超えているとのことです。日本ではまだ使っている人が少ないと思いますが、そのうち当たり前のように使う時代がくるでしょう。
ぜひ皆さんも早々に使い慣れていきましょう。

オンライン会議と違って非同期でよく、後から見返しもしやすい

スクリーン録画と同じように映像で説明するために「オンライン会議で接続し、画面共有して説明」している人は多いでしょう。しかし、スクリーン録画の方が良い理由を次に示します。
1つ目は、スクリーン録画は非同期で行える点です。オンライン会議の場合、同じ時間に予定を合わせる、つまり同期する必要があります。相手にオンライン会議を

提案し、お互いの時間を調整。それだけでも5～10分程度は時間が掛かってしまうでしょう。場合によっては、説明時間よりも、時間調整の方に時間が掛かることもあります。
スクリーン録画であれば、相手の時間は関係なく、自分の都合の良い時間に動画をつくり送付するだけです。相手も都合の良い時間に見られます。

2つ目は、データが残る点です。オンライン会議の場合、会議ツールによっては録画することは可能ではあるものの、わざわざ録画して残すことは少ないでしょう。
スクリーン録画であればデータ化が前提のため、1度見て終わりではなく、同じ説明を別の人にするときには後から使い回すこともできます。

3つ目は、再生速度を調整できる点です。オンライン会議だと、時間が同期しているため、話す速度を調整できません。私は元々非常に早口で、よく聞き返されてしまいます。また画面操作が早いこともあり、本来の速度よりも相当ゆっくり説明する必要があります。逆にゆっくりした人だと、聞く側にとって遅すぎると感じてしまうこともあるでしょう。
スクリーン録画なら、再生速度を下げる（上げる）ことができ、自分の理解ペースにあわせて確認できます。また、見返したり、一時停止したりして画面を確認することもできます。

オンライン会議の方が、その場で質問ができるという利点はあります。しかし、スクリーン録画をまず見て、わからない点があったらそこだけ後から質疑応答をする方が効率的です。

?How 録画への心理的ハードルを下げ、気軽に試す

画面キャプチャ以上に使いこなしている人がまだまだ少ないスクリーン録画ですが、これを仕事の実践で活用していくためのポイントを次に示します。

- **録画操作に慣れる**
- **準備しすぎない・リテイクしない**
- **長くしすぎない（短めに録画する）**
- **Tipsも含めて説明する**

録画操作に慣れる

画面キャプチャと同様、録画は思いついたらすぐできるようにしましょう。標準機能を使うのか、専用ツール（Loom）を使うのかで操作方法が変わってくるので、P.75を確認しつつ、ご自身の環境に合わせた操作方法に習熟しましょう。

準備しすぎない・リテイクしない

スクリーン録画をする際に、慣れない人は「しっかり説明準備をしなくちゃ」と気構えてしまいます。説明の仕方に納得できず、何度もリテイク（撮り直し）してしまう人もいます。

確かに不特定多数に公開する説明動画であれば、準備＆リテイクをする価値があるかもしれませんが、チーム内でのコミュニケーションや特定少数向けの説明であれば不要です。言い間違いや操作ミスがあっても全く問題ありません。

そもそもオフィスで横に座って操作方法を説明しているときや、オンライン会議で画面共有しながら話しているときにも、そんなに流暢に説明できているわけではないでしょう。言い間違いや操作ミスも頻繁に発生しているはずです。スクリーン録画も同じ気持ちでやればいいのです。

入念な準備やリテイクはやめ、気軽にスクリーン録画を活用しましょう。

長くしすぎない（短めに録画する）

スクリーン録画は、あまり長時間で撮りすぎず、適当なパートで分割しておくとよいでしょう。

スクリーン録画は、後々使える資産になります。例えばツールの操作方法や資料の作成方法などは、新しい担当が入ったときに使い回せます。

しかし、時間が経つと、ツールの機能が変わっていたり、前提が異なったりする場合があります。1つの動画ですべてを説明していると、一部が違うだけで動画がまるごと使えなくなってしまいますが、ツールごと・パーツごとにつくっていると、一部だけを差し替えればOKです。

パソコンのスペックや状況により、長時間録画をすると途中で録画が止まったり不具合が発生したりするリスクもあります。私自身の環境だと最近はあまりありませんが、昔はよく「途中停止リテイク」が起こることがありました。短時間で止めておくと、このようなリスクも回避できます。

また動画が長いと見る側の負荷もあがります。1時間動画が1つよりも、10分動画が6つある方が、細切れで確認しやすく、閲覧負荷が低い。
あまり分割しすぎると管理や共有が面倒くさいですが、15分程度を1つの目安にし、長すぎる場合にはパートを分けるとよいでしょう。

Tipsも含めて説明する

スクリーン録画の場合、文章と違い口頭で説明するので、ちょっとした知見やノウハウも同時に伝えやすい利点もあります。

ポップインサイトではクライアント向けのレポートをPowerPointで作成していたのですが、レポートのつくり方や、メンバーがつくったレポートにフィードバックするときには、スクリーン録画の中で、単に表面的な説明をするだけではなく、操作方法・背景にある考え方などを含めるようにしていました。
操作方法については、多くの人が「自分のやり方」で作業を行っているので、便利な設定やショートカットの仕方を知らない場合があります。知らないものは質問のしようもなく、効率化の機会損失になっています。スクリーン録画で、作業しながら「この操作はこのショートカットでやってます」などと説明をいれると、そういった知見を伝えることができます。

アプリケーション操作や資料作成をするときには、単に画面操作やその作業の説明だけでなく、ショートカットの使い方や背景にある考え方などを同時に伝えるようにしましょう。

予備ワークを用意する

オフィスワークでは、仕事がわからないときはすぐに助けを求めることができますし、手持ち無沙汰なときにもほかの仕事を見つけやすいでしょう。ところがテレワークの場合、チャットなどで連絡自体はできてもすぐに返信があるとは限りませんし、周りの状況もわかりづらいので仕事をもらうことも容易ではありません。
そこで、仕事が進められず、ほかにやることがない場合の「予備ワーク」を準備しておきましょう。

What 予備ワークは、メインの仕事が進められないときに代わりに行う仕事

予備ワークは、メインの仕事が進められないときや、メインの仕事が終わって次の仕事がないときのための代わりの仕事です。

営業チームでの予備ワークの一例を次に示します。

- **クライアント候補のリストアップ**
- **重要クライアントの事例調査**
- **過去の提案資料の整理・パターン化**
- **過去の営業案件の失注理由の整理・パターン化　など**

Why テレワークだと、急な相談・対応ができないことも多い

テレワークで予備ワークを用意しておくべき理由を次に示します。

- **メインの仕事の質問・トラブルをすぐに解消できないことがある**
- **ほかのメンバーの仕事をもらいにくい**

メインの仕事の質問・トラブルをすぐに解消できないことがある

メインの仕事を進めていて、わからないことやトラブルで先に進められないときは、当然ながら上司や同僚にサポートを求めます。しかし上司・同僚の状況次第では、すぐに返信されないことがあります。このようなときに、メインの仕事しかないと、返信が来るまでの間にやることがなくなってしまいます。

予備ワークを用意しておくことで、マネージャー視点では、このような無駄な空き時間を発生させず、成果に向けて工数を有効活用することができます。また仕事をする本人視点でも、返信がないことにやきもきせず、業務時間を有益に使えます。

この考え方は、チームメンバーだけでなく、外注先や副業メンバーなどにも有効です。
私が会社立ち上げに関わっていたあるスタートアップ企業で、副業のWebディレクターを探していました。
会社側の要望としては、仕事が発生した時間だけの支払にしたいが、なるべくスピーディに対応してほしいので、毎週の予定を抑えて欲しいということでした。ただ、Webディレクター側からすると、いつ仕事が発生するかもわからないのに、都度毎週の予定を抑える必要があるのは非常に手間です。
そこで「会社側は、週に5時間分は必ず発注する。もし仕事が発生しなかった場合、予備ワークをしてもらう」「Webディレクター側は、必ず発注が発生するので、毎週の予定を提示する」という条件を提案しました。
このような形であれば、会社としては一定の稼働枠を抑えつつ、緊急依頼が発生しなかった場合にもお金の払い損にはなりません。一方でWebディレクター側としても、予定を確保したのに仕事が発生しなかったという状況は防止でき、報酬は確保できます。

ほかのメンバーの仕事をもらいにくい

テレワークの場合、自分が直接やりとりしているメンバー以外の状況はどうしても見えづらいです。チーム朝会や予定の可視化などで一定は解決できますが、「仕事が止まったので、いますぐできる仕事ないか」という要望には対応しづらいでしょう。

How 不急重要な仕事を用意しておく

予備ワークを準備し、うまく仕事を進めていくコツを次に示します。

- 不急だが重要な仕事を探す
- 作業内容を事前説明しておく（スクリーン録画を用意しておく）
- 予備ワークへ切り替えるタイミングを伝える

不急だが重要な仕事を探す

予備ワークとして用意すべき仕事は「緊急ではないが、必要・重要な仕事」です。『7つの習慣』※では「緊急か」「重要か」という軸で、物事を整理する考え方が提示されています。「緊急ではないが、重要な仕事」は「第二領域」に該当します。

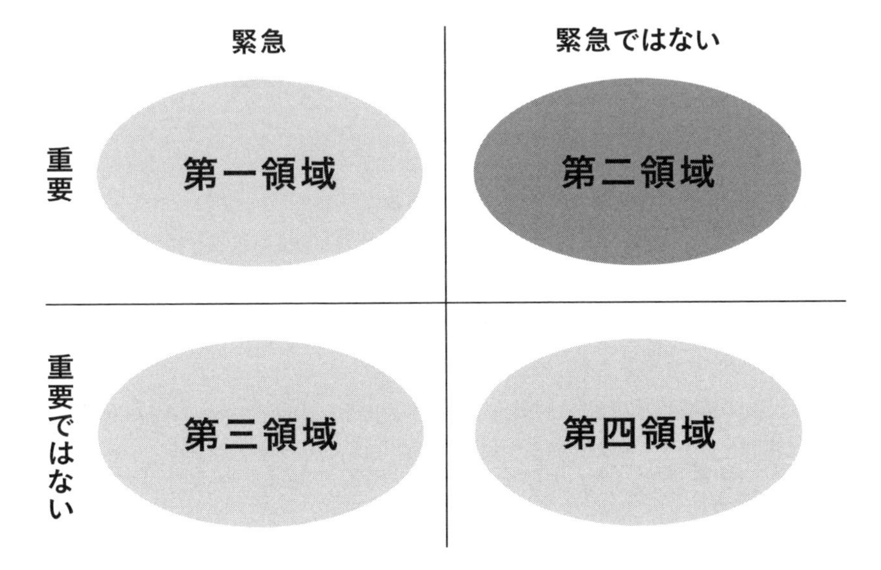

チーム全体で「成果を出す上で何をすべきか」「今やる必要はないがやるべき仕事は何か」を議論し、洗い出しておくとよいでしょう。

※ https://www.franklinplanner.co.jp/system/important.html

私の例では、以下のものを予備ワークとしていました。

- **クライアント候補のリストアップ（特定のWebサイトで、条件に当てはまる企業をリストアップしておく）**
- **成功事例の収集**
- **ブログ記事のアップデート**

作業手順を事前説明しておく（スクリーン録画を用意しておく）

予備ワークを用意されていても、実際に仕事を行うための知識や事前準備ができてないとスムーズに行うことはできません。事前に必要な情報共有・説明は済ませておきましょう。

ただ予備ワークはその性質上、いつ行うかがわかりづらく、不定期・断続的に行うものになるので、作業手順なども忘れがちです。そのため、予備ワークの説明はスクリーン録画をつくっておき、「必要なときに確認できる状態」を準備しておきましょう。

予備ワークへ切り替えるタイミングを伝える

仕事がわからないときに、スムーズに予備ワークへ切り替えられるとベターですが、仕事に不慣れだとわからない状態のままズルズルと時間を消費しがちです。このような「スタック状態」を防ぐために、「どうなったら予備ワークに切り替えてほしいか」も合わせて伝えておきましょう。
例えば「この資料作成で30分頑張ってみてわからなければ、いったんわからないことは質問した上で、別の仕事を先に進めてほしい」と伝えておきます。

オンライン会議の生産性を上げる7つの工夫

テレワークになると、オンライン会議をしない日はないといっていいぐらい、オンライン会議の予定が増えます。在宅勤務で集中しやすい環境があるにも関わらず、オンライン会議で予定がつまりすぎ、自分の作業時間がほとんど取れないという人もいます。

オンライン会議は対面会議に比べて「同時に一人しか話せない」「相手の様子が分かりづらい」「デジタルデータしか使えない」という機能的な制約があります。また「Zoom疲れ（Zoom fatigue）」という言葉が生まれたように、オンライン会議が続くと疲れます。

だからこそ、効率的・効果的にオンライン会議を行うスキルが求められています。本章では、オンライン会議に関わるさまざまなポイントをお伝えします。

事前アジェンダをつくる

オフィスワークでもテレワークでも、仕事時間を短縮する最大のポイントは「いかに効率的に会議を行うか」にかかっています。会議は多くの人の時間を消費するものであるにも関わらず、「会議の目的が決まっていない」「会議で何を話すべきか決まっていない」「会議をしても何も決まらなかった」というケースがいかに多いことか。
この問題を「事前アジェンダ」が解決します。

What 「事前アジェンダ」は、「何を相談したいのか」を明確にしたもの

「事前アジェンダ」は、会議の前にアジェンダを提示しておくことです。アジェンダとは、その会議で話すべき事項（トピック）の一覧です。例えば次のものです。

■本日のアジェンダ

・1. 書籍の執筆ペースについて
・2. 書籍の原稿ファイルの体裁について
・3. ここまでの原稿の確認

■1. 書籍の執筆ペースについて

●前提
・noteで20記事ほど蓄積がある（4万文字ほど）

●相談事項
・1. そもそも原稿は何万字必要か？
　→想定：10万字程度？

・2. 8月完成を目指す場合、週に何万字ほど書く必要があるか？
　→想定：1万文字/週程度？

トピック一覧に加え、次の項目も同時に整理しておくと良いでしょう。

- **各トピックについての背景・前提**
- **トピックについての自分の主張・結論**
- **トピックについての選択肢**
- **主張が妥当と思われる根拠**

「PowerPointなどでしっかり資料をつくらねば」という印象を持つ方もいますが、テキストで作成するだけでも十分です。

Why リモートのメリットを失わず、意義のある会議をする

テレワーク・オフィスワークに限らず、事前アジェンダの必要性に異論がある方はいないでしょう。ここでは、特にテレワークだからこそ重要な理由を整理します。

- **そもそも「会議が不要」なことも多い**
- **オンライン会議は、対面会議よりも難しい**

そもそも「会議が不要」なことも多い

最近よくあるのは「とりあえず会議の時間をください」とだけ言われ、相談内容が会議までわからないケースです。しかし、アジェンダが事前にわかれば、会議を待たずにチャットなどでその場で返事ができることも多々あります。チャットで返事ができてしまえば、そもそも会議で時間を取る必要もなく、返事もすぐにもらえるため、お互いに効率的です。

先日も、とあるメンバーから「営業の管理リストについて相談したいので、ミーティング時間がほしい」という打診がありました。これだけだと、何を相談したいのかわからなかったので、「相談内容を事前に教えてください」とお願いしました。すると、相談事項は以下の3つでした。

1. **セミナーや種類別に集計シートをつくりたい**
2. **アンケート結果と回答結果を紐付けたい**
3. **営業資料に統計シートを貼りたいが、方法がわからない**

画面キャプチャ・スクリーン録画などを使うことで、すべてチャットで回答できる内容ばかりだったので、その場でレスポンスを返しました。掛かった時間は5分程度でした。
このように、本来は短時間で解消できるものが、事前アジェンダがないことでムダな会議につながることは非常に多い。

「とりあえず会議で」という意識は、「オフィスの距離感をテレワークに持ち込んでいる」ということかもしれません。オフィス内では、時間に余裕がありそうなときに「ちょっといいですか」と相談しに行くことはよくあります。相手に時間がありそうなことはわかっているわけですし、その場で解消できて効率的です。
しかしテレワークでは、相手の状況もわからないですし、会議をするには予定を調整する必要があります。

「自分のペースで仕事ができる」というテレワークのメリットを生かすためにも、事前に相談事項を提示し、そもそも会議が必要ないものは会議以外で解消する方がよいでしょう。

オンライン会議は、対面会議よりも難しい

オンライン会議では「同時に1人しか話せない」「相手の様子が分かりづらい」「画面しか使えない」「デジタルデータしか渡せない」という制約があります。そのため、効率的に会議を進めようと思うと、これらを踏まえた準備が必要です。
具体的には「論点を決めておく」「必要な資料は事前に渡す、またはその場で開けるようにしておく」など。これらは「事前アジェンダをつくっておく」とほぼ同義です。

?How 箇条書きでつくり、会議前に送る

事前アジェンダを活用する際のポイントを次に示します。

- **●箇条書きでつくる**
- **●アジェンダがつくれない場合、理由を伝える**
- **●会議前に送っておく**

箇条書きでつくる

文章に慣れていないと、相談事項をすべて文字に起こすのは時間が掛かって大変です。また、文章が長いと、見る側も読むのが大変です。事前アジェンダは、まずは短文で箇条書きし、後から補足情報や自分の考えを足す方が効率的です。

■書籍の作成方法について

・スタイル
　→ですます調が良い？

・原稿のつくり方
　→Googleドキュメントでよい？

・参考文献・引用がある場合の対応
　→書籍名・ページ数をメモればよい？

・参考Webサイトがある場合の対応
　→URLがあればよい？

・サービス紹介において画面とかはどこまで引用可能？
　→操作画面などはOK？

アジェンダがつくれない場合、理由を伝える

「そもそも何を相談したらいいのかもわからない」というケースもあるでしょう。その場合でも「論点がまだ整理できないため、相談させてほしい」と伝えましょう。

相手の時間を使うわけですから、とりあえず会議時間を押さえることはやめましょう。まずはできる範囲で内容を整理し、「ここまでは考えたが、これ以上わからないので相談したい」などと相談できると、依頼された側も状況がわかります。

ネガティブな指摘をするときや、文章で事前に伝えることが礼儀として難しい場合もあります。そんなときには「ちょっと文面では伝えづらいので、直接お話したい」「ご依頼にあたり、ぜひ一度ご挨拶させていただきたいので」と一言添えておくとスマートです。

会議前に送っておく

会議開始前に送っておくと「しっかり準備している」という印象を伝えることができますし、アジェンダに沿って効率的に会議を進行できます。

また、そもそも会議せずとも回答できる場合、会議せずに解決できる場合もあります。

画面共有で「何を見るべきか」を示す

オンライン会議をスムーズに進行させるためには、当たり前のことながら、参加者全員が同じ議論対象に意識を向ける必要があります。しかし、お互いの認識を擦り合わせないまま、話を進めており、後から勘違い・認識違いに気づくというシーンが散見されます。

そこで重要なのが、積極的に「画面共有」をして認識を擦り合わせること。「画面共有」のひと手間を惜しまないことが、誤解を生じさせず、会議の時間を効率的に使うことにつながります。気づいた人が積極的に「画面共有者」になりましょう。

What 「画面共有」とは、資料などをその場で共有すること

「画面共有」とは、ZoomやMicrosoft Teamsなどさまざまなオンライン会議ツールに備わっている画面共有機能を用い、資料などをその場で共有することです。多くのツールでは「画面全体」「特定のウインドウだけ」など、共有範囲を指定できます。私個人としては、画面全体を共有してしまうことが多い。
共有対象のパターンとしては、以下が考えられます。

- **ミーティング資料**
- **議論対象の詳細(Webサイト、写真)**
- **議事録・議事メモ　など**

Why リモート特有の「ズレ」などを解消できる

お互いの認識を擦り合わせるために「画面共有」が効果的な理由は2つあります。

- **リモートだと認識のズレに気づきにくい**
- **議論を主導しやすくなる**

リモートだと認識のズレに気づきにくい

人の前提知識や考え方は十人十色。同じ言葉を使っていても、自分が思い浮かべているものと、相手が思い描いているものは、全く異なる可能性があります。特にオンライン会議やチャットの場合は、同じ言葉を使っていても、それを同じ意味で使っているとは限りません。
前提が異なる状態で話が進んでいて、結果的に「あぁ、間違えていました」、「違う資料を想像していました」となると、お互いに時間の無駄です。
こういったコミュニケーションのバグ＝すれ違いはとても多く見受けられます。

そんなとき、画面を出して具体的に資料・映像を共有するとお互いの認識を擦り合わせることができます。このひと手間を怠らないことで、議論のムダなすれ違いを防止できます。

すべての会議や議論、コミュニケーションの場において「バグは起こるもの」という前提をもつこと。そして、「どうしたら物事をスムーズに伝えて、なるべくラクにバグをなくすか」を意識して考えることが重要です。

議論を主導しやすくなる

リアルの会議では、議論をファシリテートするときには「ホワイトボードに書く」ことが有効です。立ち上がってホワイトボードに書き始めると、注目が集まり、場を仕切っている雰囲気になります。
これと同じことが、オンライン会議の「画面共有」という動作で代替できます。「画面共有」すると、ホワイトボードのように参加者が見る対象を自分でつくれるので、議論を主導しやすくなります。

?How 画面共有する前提で準備しておく

オンライン会議で画面共有を活用していくためのポイントを次に示します。

- **会議前に関連資料を用意しておく**
- **発言機会がなくても積極的に画面共有する**
- **共有ミスに注意する**
- **リアルタイム議事録とも相性抜群**

会議前に関連資料を用意しておく

画面共有をすることを前提に、会議に関連する資料は事前に用意しておきましょう。会議参加者の中には、あまり準備せずに参加し、手元で資料を開いていないことも多い。そのため、画面共有して資料を提示するという簡単なことだけで、会議への貢献度が上がり、信頼を得られます。

営業や報告会などでは、メインで話す人が自分で資料を画面共有することが多い。ところが社内会議では、そこまで意識している人は少なく、話しながら「画面共有」する余裕がない人も多い。
そのため画面共有は、気づいた人がやりましょう。私自身も、自分がメインではない会議でも、率先して資料を共有し「この資料ですね」と出すようにしています。「資料を出すだけ」、「Webサイトを映すだけ」なら、誰でも簡単にできます。

発言機会がなくても積極的に画面共有する

「会議に出ても一言も発言しない人はいらない」とよくいわれます。しかしオンライン会議では、複数人が同時に発言できないので、発言しづらいことがあります。そんな中「画面共有」は、ちょっとした存在感を出す1つのチャンスです。

何も言わなくても、話に合わせて資料を示してみたり、わからないときに「これでしたよね？」と聞いてみたり、出た話題を検索して画面を開いたりするだけで、会議の場に付加価値を与えられますし、参加者の認識を1つにすることができて会話がスムーズになります。そうしたちょっとした気遣いとサポートにより、話し手は会議を進めやすくなるはずです。

「画面共有」は、議論するために役立とうとしているスタンスの表れでもありますし、話をきちんと聞いているというアピールにもなります。

共有ミスに注意する

画面共有でよくあるミスが、「自分が出していると思っている画面」と「相手に出ている画面が違う」こと。デュアルディスプレイで間違えていることもあれば、遅延などの不具合で画面が止まっていることもあります。相手側ではミスに気づきにくいでしょう。また、多人数だと言い出しづらいため、「いまどの画面を説明しているか」を伝えるとともに、もしかすると画面が違うかもしれないという可能性を意識しましょう。

あるプロジェクトにおいて、20人ほどで会議をしていたときのこと。プレゼンターの方が、写真を「画面共有」しながら話し始めました。そのプレゼンターはスライドを進めているつもりだったのですが、ほかの参加者の画面ではスライドが進まずずっと止まってしまっていました。
おそらくみんな「おかしいな」と思っていたものの、誰も言い出さないまま1分間ほど経過し、ようやく司会の方が指摘し、共有画面が修正されました。
プレゼンター側は、「画面共有」していると相手の姿が見えず、相手が見ている画面がわかりません。一方、参加者側も「これで正しいのかも」「自分の環境がおかしいのかも」という不安があり、間違いを指摘しにくい傾向があります。

共有ミスに気づくテクニックとしては、自分がプレゼンしているときに別デバイスで「見る側」の視点を確認する手法があります。パソコンで画面共有しているときには、同じオンライン会議にスマホでもログインしておくと、画面共有がどのように表示されているのかがわかります。

リアルタイム議事録とも相性抜群

ここからの知識は上級編になりますが、画面共有を行うときは、資料やWebサイトを出すだけでなく、議事メモをその場で出すのも有効です。リアルタイムで議事メモをとりながら、それを画面共有しておくと、参加者全員に会議内容を文字で共有できます。それにより、認識違いを防止するだけでなく、会議内容への理解を深めることができます。

その場で精度の高い議事メモをつくるには訓練が必要ですが、慣れればある程度の議事は誰でもつくられるようになります。議論に参加しなくても存在感を示すチャンスと捉え、まずは社内会議などでトライしてみてください。

音声状況に注意する

オンライン会議での主な情報伝達手段は「音声」です。資料や表情といった視覚情報もありますが、資料に含まれない話が多くありますし、表情やボディランゲージも対面に比べると限定的です。
そのため、音声の聞き取りやすさは重要視すべきです。

What 音声状況への注意は、オンライン会議で聞き取りやすくするための工夫

音声状況で注意することは、オンライン会議において自分の声・相手の声が聞き取りやすい状況になっているかを配慮・工夫することです。

オンライン会議の音声状況で注意すべき項目を次に示します。

- **ON/OFF：音声は聞こえているか**
- **途切れ：音声は途切れず、揺れることなく聞こえているか**
- **ノイズ：環境音など、不要なノイズが入っていないか**
- **参加者：発話者以外の参加者が余計な音を入れてないか（または入れるべき音が途切れてないか）**

会議冒頭・会議途中などで都度確認を挟むことが望ましいです。

Why オンライン会議では音の聞き取りやすさが重要

オンライン会議で音声状況に留意すべき理由を次に示します。

- **オンライン会議では、聴覚が最重要**
- **「ほかの人の聞こえ方」がわからない**

オンライン会議では、聴覚が最重要

オンライン会議で使える五感は視覚と聴覚です。

視覚は、画面共有した資料や相手の表情です。画面共有の資料は重要ではありますが、わざわざ会議を行う以上、資料だけ見てもわからないことを伝える場合が多く、それだけでは情報は限定的です。表情も非常に大事ですが、画面スペースも小さくて細かい状況は見えづらく、身振り手振りもわかりづらいため、対面に比べると情報価値としては劣ります。

つまりオンライン会議では、聴覚による情報＝音声の重要度が対面以上に増すわけです。

すでに多くの方が、オンライン会議において「声が小さくて聞こえない」「音声が途切れており、聞き取りづらい」というストレスを経験しているでしょう。

私自身も、つい先日のオンライン会議で同じ経験をしました。とある会社からオンライン会議で提案を受ける状況でしたが、先方の周囲の環境音がうるさく、説明内容が半分ぐらいしか聞き取れません。一応「うんうん」と聞いてはいましたが、内心では大きく提案内容への関心が下がっていました。

音声状況が悪いと、会議自体の価値が大きく下がってしまいます。

「ほかの人の聞こえ方」がわからない

相手から自分の音声がどのように聞こえているかは把握できません。自身はハキハキと喋っているようでも、実は電波の影響で声が切れ切れになってしまっているかもしれません。

1対1であれば「ちょっと聞こえづらい」ということを伝えやすいです。ところが多人数になると、質問や話をはさみづらくなるため、聞こえづらい状況であったとしても我慢してしまいがちです。

オンライン会議をしている際に、多くの人はイヤホンやヘッドホンをしています。そのため、ノイズもダイレクトに耳に伝わり、不快感をつのらせやすい状況にあります。

事前に環境チェックし、ミュートや画面ON/OFFなどの機能を使い慣れておく

音声環境をよい状態で維持するための具体的なポイントを次に示します。

●通信環境・静音環境を整える
●映像のON/OFFを使い分ける
●音が聞こえづらければ電話に切り替える
●音声状況を定期的に確認する
●ミュートを活用する
●ノイズキャンセリングサービスを活用する

通信環境・静音環境を整える

当たり前ではありますが、できるだけ明瞭な音声が伝わりやすい状況にするため、次の準備をしましょう。

・通信環境：悪いと音声が途切れやすい
・静音環境：環境音が発生するとうるさい

通信環境については、本書でも度々触れていますが、テレワークでのコミュニケーションをスムーズにする上では極めて重要です。私の会社でも、ADSL回線で通信速度が遅いメンバーや、ルーターが自分の部屋になく電波が弱いメンバーがいる場合は、会社として助成を出すことも含めて、早期の改善を要望していました。
もっとも、現時点で会社として支援制度がない場合、制度を整えることから始めると時間がかかります。だからといって「会社がお金を出してくれないから、回線が弱くても仕方ない」というマインドでは、テレワークにおけるコミュニケーション力が下がり、結果的に自分の価値が下がります。もし回線環境が悪いのならば、テレワークで活躍するために必要な投資と思い、早期に改善することをオススメします。
マネージャーの立場では「良い営業マンは、自分の意識を高めるために、まず良いスーツを購入し、美容院で身だしなみも整える。同じように、テレワークで活躍する場合、通信環境は整えるべき」といった形で説明するのはどうでしょうか。

静音環境については、できるだけ静かな自宅・在宅で行うことが望ましいです。場合によっては、コワーキング・カフェなどで外出先から参加せざるを得ない場合もあると思いますが、できるだけ避けましょう。営業マンであれば、「外出の日」と「オンライン会議の日」をできるだけ分けて、外出の日にオンライン会議を行わなくてよい予定調整の工夫をしましょう。

映像のON/OFFを使い分ける

映像がONの場合、通信データ量が増えるため、回線が弱いと遅延・音切れの原因になります。そのため、もし重い場合は、映像をOFFにすることを打診しましょう。

なお映像がOFFになる場合は、各オンライン会議ツールで設定したプロフィール写真が表示されます。プロフィール写真を設定していなかったり、適当なイラストを表示したりしていると、誰が参加しているのかわかりづらくなります。顔写真を設定しておき、映像をOFFにしても参加感を出せるようにすると良いでしょう。

プロフィールの顔写真を設定しており、映像OFFにしていても存在感を出すことができる

音が聞こえづらければ電話に切り替える

映像OFFなどを使っても、インターネット回線が重く聞き取りづらい場合は、電話への切り替えも検討しましょう。多人数会議だとさすがに難しいですが、1対1であれば、オンライン会議は電話だけでも十分できます。また通信環境が悪く音声は使えなくても、画面表示などは問題なくできる（遅延はするが、画面は出ている）こともあります。そのため、オンライン会議で画面表示だけ残しつつ、会話は電話で行うといったことも可能です。

オンライン会議で接続や音声設定がうまくいかず、準備のやり取りだけで5～10

分ぐらい経ってしまうことがよくあります。「ダメなら電話」という発想を持っておき、うまくいかないときにはスパッと変えることができると、このようなムダな時間を減らせます。

音声状況を定期的に確認する

オンライン会議は、自分の環境だけでなく、相手の環境によっても音声状態が変わってしまいます。自分自身の環境を整えたとしても、相手の環境が悪ければ、やはり聞き取りづらい可能性があります。

そこで「もしかしたら音声が聞き取りづらいかも」という可能性は常に考慮し、以下のタイミングで都度「聞き取りづらくないか」を確認しましょう。

- **会議の冒頭**
- **会議で話し始めるとき**
- **会議中、聞こえづらくなったとき**

会議中にある人の音声が聞こえづらいときでも、当の本人は気づいていない可能性が高いので、できるだけ早く「ちょっと聞き取りづらくなりました」と教えてあげましょう。

ミュートを活用する

多くのオンライン会議ツールでは「ミュート機能」があります。ミュートは「無言」という意味で、会議につないだまま、音声をOFFにする機能です。

Zoomの場合は、ミュートのON・OFFをクリック1つで切り替えできます。

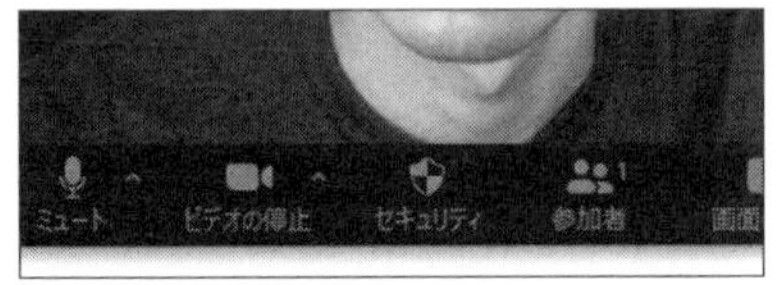

ミュートOFF（こちらの音声が聞こえている状態）

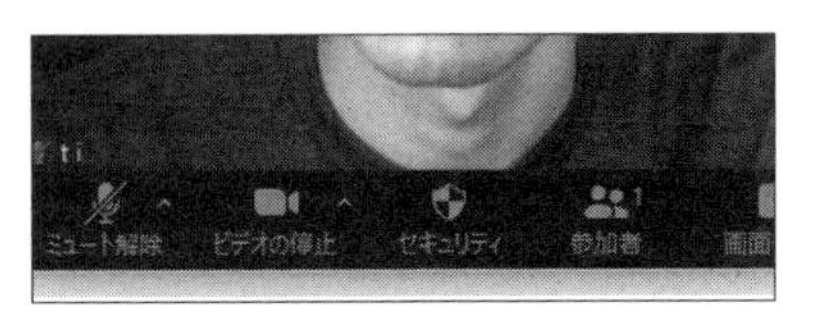

ミュートON（こちらの音声が聞こえない状態）

ミュートに設定しこちらの音声を聞こえない状態にすべきシーンを次に示します。

- **多人数で自分が喋っていないとき**
- **1対1だが、自分の環境音がうるさく、自分が喋っていないとき**

一方、ミュートを解除し、こちらの音声が聞こえるようにすべきシーンを次に示します。

- **自分が喋っているとき**
- **多人数で自分は喋っていないが、相手に拍手や相槌を伝えたいとき**

Zoomの場合、ミュート中に「スペースを長押し」することで一時的にミュート解除できる機能もあります。都度ミュートボタンを押す必要がなく、覚えておくと便利。

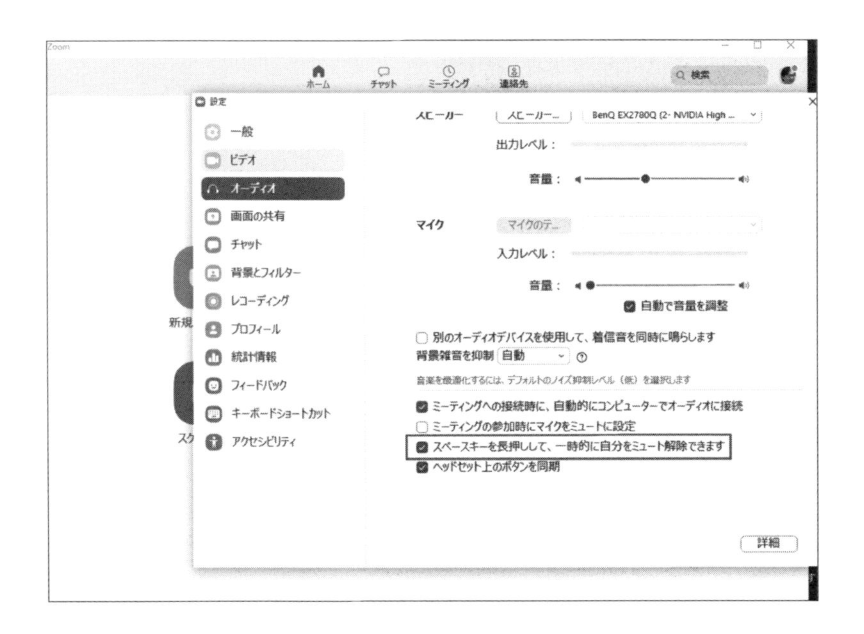

ノイズキャンセリングサービスを活用する

音声ノイズを軽減できる「krisp（https://krisp.ai/）」というサービスがあります。krispを設定しておくと、環境音などを自動的に軽減してくれます。krispサイト上で環境音を軽減した音声例を確認できますが、カフェや町中などで話す際のノイズが大きく軽減されていることがわかります。

静音環境を整えることが難しい場合には、このようなサービスを利用することも検討しましょう。

表情を意識する

オンライン会議だと音声は「同時に1人」しか発することができないので、多人数になると、どうしても話をするのが誰かに偏りがちです。多人数の会議では、相づちすら入れづらいでしょう。
そこで、誰かが話している間でも、音声を使わずに視覚で情報を伝えることができる「表情」を活用しましょう。

What 表情を意識し、受け取り方や感情を伝える

表情を意識するとは、笑顔・頷きなどを通じ、話の内容の理解度や感情を伝えることです。具体的には以下のようなシーンで活用可能です。

伝えたいメッセージ	表情・動き
承諾した、理解した	頷き
わからない、難しい	首を傾ける、眉をひそめる
好印象	笑顔
話題への興味・集中	顔を近づける、目を開く
共感	頷き、真顔

また、表情が伝わりやすいように、カメラの明るさ・角度にも注意しましょう。

Why 視覚情報のほとんどが表情と資料

オンライン会議で表情が重要になる理由は次の2つです。

- **●対面ほどではなくとも「顔」の印象は強い**
- **●聞いているときにも表情は使える**

対面ほどではなくとも「顔」の印象は強い

表情が与える印象は強いです。ベストセラーになった『人は見た目が9割』ではコミュ

ニケーションにおける情報の伝わり方として、言葉そのもので伝えられる情報は7%にすぎず、表情が55%を占めると言われています※1。

妻との会話の中で、表情に関するとても面白いエピソードがありました。
妻の通うビジネススクールの同窓生は独身だったため、マッチングアプリを使い始め、デートをしたそうです。コロナ前に行った最初のデートは、食事をしながら会話も盛り上がり、とても楽しかったそうです。
2回目のデートは緊急事態宣言の時期だったため、お互いにマスクをしていました。すると、相手の表情が見えないため、会話がなかなか続かず、あまり盛り上がらなかったそうです。
3回目は脱マスクで食事ができ、最初のときのように、また良い時間を過ごせたとのことです。
表情が見えるかどうかで、過ごす時間の印象が大きく変わるわけです。これは仕事においても同様でしょう。

もちろん対面に比べると、画面越しの映像は小さいですし一部の角度からしか見ることができないので、情報量は減ります。それでも、表情から伝わる情報は多いため、自身のカメラをONにすることは重要。カメラをOFFにして顔を映さない会議と、カメラをONにして顔を映す会議では、相手に与える印象が大きく変わります。

メンバーズでは、「社内会議では原則カメラをONにする」ことを社内ルールとしています。テレワークで、かつ社内だけの会議だと、化粧・服装・髪型などの身だしなみを整えることを怠りやすく、その結果として「映像は映したくない」という状況になりがちです。しかしそうなると、貴重な情報源である表情を見ることができず、会議のコミュニケーション量が大きく損なわれてしまいます。
そのため、全社一律のルールとして、カメラONとしています。

株式会社クロスリバーの越川さんによると、「ビデオ会議をAI解析して、どういう時に営業成果が上がっているかを分析しているのですが、確かに表情はとても大切」であり、「普通にしているつもりでもカメラ越しには不機嫌に見えがち」「口角を上げるだけで、成約率が18%も高くなる」とのことです※2。
そのぐらい、表情が与える影響は大きく、また意識すべきものということです。

※1 竹内 一郎『人は見た目が9割』(新潮社、2005)　※2 https://dime.jp/genre/942310/

聞いているときにも表情は使える

オンライン会議では、同じ時間に喋ることができる人数は原則1人です。同時に会話したり発言したりすることができないので、参加人数が増えるほど、コミュニケーションの密度が下がります。しかし、発言できない時間でも、表情を使うことはできます。

あなたがオンライン会議で話をしており、自分では「面白い」と思うエピソードを話しているとします。その最中に、以下の2つの表情が目に入ったとして、どちらの方が心地よいでしょうか？　左のような表情をされていると、話の内容に関心を持たれていないか、そもそも話を聞いていないのか、いずれにしても話している側の気分はよくないでしょう。

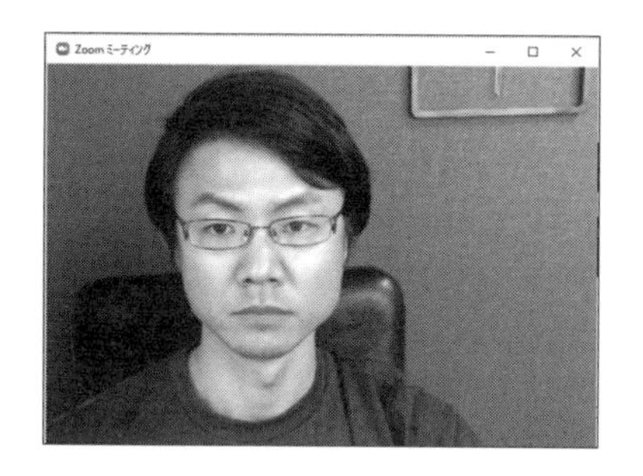

「目は口ほどに物を言う」と言いますが、オンライン会議においては「表情は口ほどに物を言う」こともあるわけです。

Microsoft Teamsでは、2020年7月8日に、オンライン会議の参加感を高めるための新機能として「Togetherモード」という表示方法を発表しました※。これは、これまでのように四角い画面を並べるのではなく、参加者をくり抜いて、1つの会議室に全員がいるように見せる表示方法です。

※ https://news.microsoft.com/innovation-stories/microsoft-teams-together-mode/

この機能の目的は、同じ会議室内に参加者がいるように表現することで共有感を出すものとのことですが、本節で述べているような表情による相づち・反応をより伝えやすくする効果も大いにあるでしょう。

他ツールでも、このような参加者の「見た目」のコミュニケーションを強化する機能は今後増えるでしょう。

?How 自分の見え方を意識する

オンライン会議で表情をうまく活用し、コミュニケーションをスムーズにするためのポイントを次に示します。

- **カメラを正面に置く**
- **明るく映るようにする**
- **表情はできるだけ大きく動かす**

カメラを正面に置く

しっかり表情を伝えるために、カメラの位置は結構重要です。できるだけ正面を向いた状態になるように、調整しましょう。

以下は、よくあるNG例です。どちらの例でも、本人としては話を聞いているかもしれませんが、見る人からすれば「別の方向を向いており、話をちゃんと聞いていない」ように見えます。

カメラが正面にない

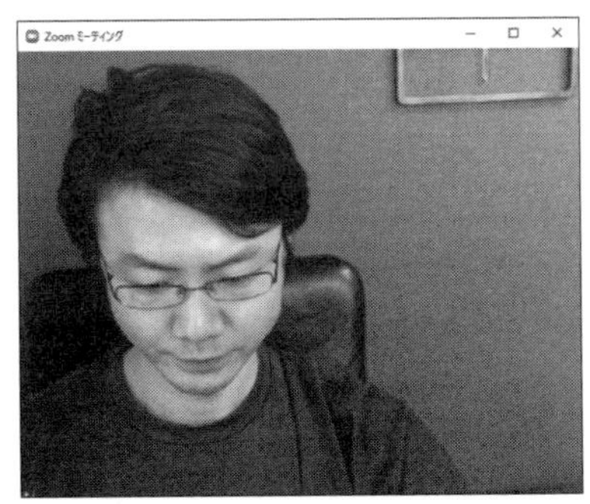

カメラは正面にあるが、カメラの位置と、オンライン会議が写っている画面の位置が異なる

明るく映るようにする

またカメラの明るさも重要です。以下は逆光状態で、全然表情が見えず、暗く映りすぎている例です。この状態だと、仮に表情をつくっていたとしても、ほとんど見えずに伝わりません。

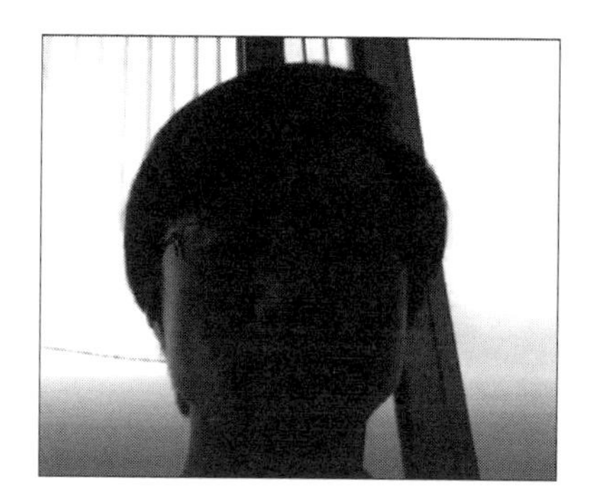

明るさを確保するには、リングライトを使う方法もあります。安いものなら数千円で購入できます。スーツや靴を新調するよりも圧倒的に低コストで印象を改善できるので、ぜひ導入を検討しましょう。

表情はできるだけ大きく動かす

オンライン会議の映像は、対面よりも画質は低く、多人数で表示される場合は画面が小さくなるので、あまり見えません。そのため細かい表情の動きは伝わりません。表情は、相手に感情や承諾を伝えるための表現手段です。しっかり伝えるために、できるだけ大きくオーバーに表現するようにしましょう。

会議時間は標準30分にする

企業の生産性アップの文脈で「会議にムダが多い」という議論はつきませんが、テレワークにおいても会議を有効活用するのは重要です。またオンライン会議では、「同時に1人しか話せない」「相手の様子が見えづらい」という制約により、対面会議よりも時間対効果が下がります。
そのため「会議時間は短く」し、その分、会議の回数を増やしましょう。

What 会議時間をなるべく短くする

会議時間は通常1時間単位で設定することが多いと思いますが、これを30分単位にしましょう。もちろんさらに短くしても良いですが、私の経験上は、15分単位で設定すると、ちょっと話が伸びるとすぐに予定が押してしまい、また頭の切替も簡単ではありませんでした。そのため、会議時間は30分がちょうど良いでしょう。
30分経っていなくても話す内容が終われば、早めに切り上げましょう。そうすることで、30分単位で会議予定が入っていても、合間でチャットやメールの処理ができます。

Why 時間を有効に活用するため

オンラインで会議時間を短くすべき理由を次に示します。

- **オンライン会議が長いと疲れる**
- **対面会議よりも伝達効率が悪い**
- **開催頻度を高められる**

オンライン会議が長いと疲れる

オンライン会議は当然ながらパソコン画面(またはスマホ画面)を見続けることになります。イヤホンやヘッドホンで、音を常時聞いている必要もあります。また多くの場合は、椅子に座りっぱなしの状態でしょう。
オフィスでの会議であれば、見ている対象は資料であったり人の顔ですし、会議中に横の人と会話できたり、会議の雰囲気によっては立ちながらホワイトボードを使ったりと動きをつけることもできますが、そのようなことはオンライン会議では行いづらい。
そのため、オンライン会議が続くと、対面での会議以上に疲れます。海外では「Zoom fatigue（Zoom疲れ）」という言葉も生まれるほどです。

対面会議よりも伝達効率が悪い

オンライン会議は同時に1人しか喋ることができません。表情や身振り手振りの活用にも限度があります。また参加者や聞き手の反応を知りたくても、対面に比べると雰囲気も把握しづらい。会議に参加しているフリをして別の仕事をしている人も多いでしょう。一生懸命会議に参加してる人も、前項で述べたように疲れるため、集中力は下がります。
そのため、会議が長引くほど会議の効率が下がります。

開催頻度を高められる

会議時間を30分にすると、今まで1時間単位で会議を設定していたときと比べてスケジュールの予定が半分になります。同じ時間枠の中で、2倍の会議を入れることができます。忙しいビジネスマンにとって、この差はとても大きい。

Microsoftが2020年6月に行った、テレワーク化における会議の変化の調査が非常に興味深いです。その結果によると「会議時間の合計は10%伸びた」一方で「一つひとつの会議時間は短くなった」「30分会議の回数が22%増え、1時間以上の会議が11%減った」というのです。そして「変化は高く評価された」ということです※。
また会議時間・回数が増えた理由として「廊下やコーヒーマシンの前で話す機会がなくなったため」と分析されています。

オンライン会議の頻度を増やすことは、コミュニケーション設計において重要です。テレワークだと、オンライン会議以外で、表情や肉声を聞く機会がありません。チームメンバーの様子をできるだけ高い頻度でリアルに感じる機会として、オンライン会議は頻度を多く設定すべきです。

頻度を上げるには、一つひとつの時間を短くするしかありません。

※ https://hbr.org/2020/07/microsoft-analyzed-data-on-its-newly-remote-workforce

How 「30分で十分」を事前に明言しておく

オンライン会議を短時間ですませるための工夫やポイントを紹介します。

- ●30分を当たり前にする
- ●カレンダーのデフォルト時間を変える
- ●会議内容は事前に準備する
- ●多人数へのプレゼンの場合、話す内容は事前に練習する
- ●話が終わったら、時間内でも終了する

30分を当たり前にする

まず社内・チーム内では「1会議は30分が標準」という合意を形成しましょう。また社外の打合せについても「30分程度でいかがでしょうか？」「30分でお願いします」と打診し、合意を取りましょう。先方がよほど長時間会議が好きでない限り、会議が短くすむのは嬉しいはずなので、断られることはあまりありません。

カレンダーのデフォルト時間を変える

カレンダー機能では予定追加の標準時間を設定できます。標準設定では1時間になっていることが多いと思いますが、「30分」に変えておきましょう。

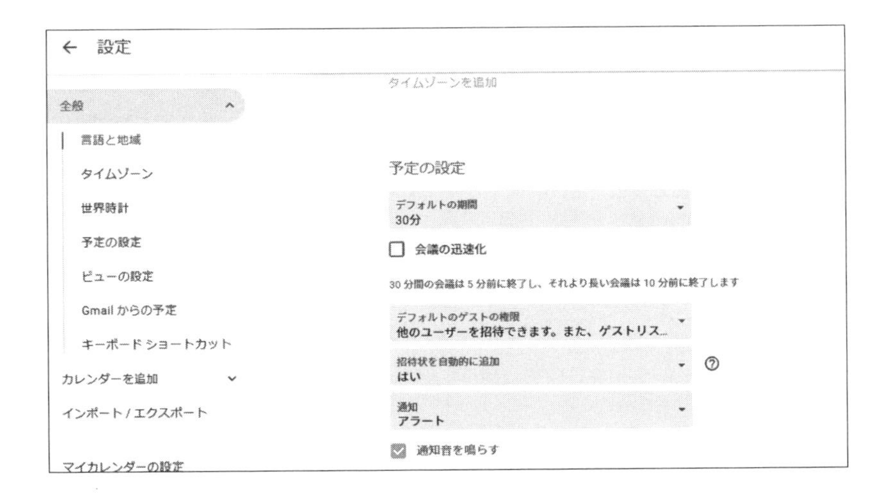

会議内容は事前に準備する

30分で会議をしっかり終わらせられるように、アジェンダ（会議内容）は事前にしっかり用意し送っておきましょう。詳細は「事前アジェンダをつくる」をご覧ください（P.186）。

多人数へのプレゼンの場合、話す内容は事前に練習する

多人数に対して話す機会があるときは、事前に話す練習をしておきましょう。特に話す時間が決まっているときは、事前にストップウォッチを使い、時間内に話が収まることを確認しましょう。

先日、数十人が集まる会議がありました。人数が多いので、司会者が事前にアジェンダを決め、プレゼンター1人あたりの時間も指示していました。それにも関わらず、何人かのプレゼンターは割当時間を気にせず、その数倍もの時間を使っていました。事前の準備・練習も不十分であり、要点を得ない説明も多くありました。

多人数の会議では「話している時間×人数」分の貴重な時間を使っています。不必要な情報をダラダラと喋るような状況は、相手に失礼ですし、全体の生産性を下げます。
短時間で伝えたいことを正しく伝えられるように、事前に練習しましょう。

話が終わったら、時間内でも終了する

話が終わったら、時間内であっても、会議を終了しましょう。終了を自分から言い出しにくい人もいるので、「会議でお話したかった内容は以上になりますので、ほかに議題がなければ終了させていただきます」と促しましょう。

オンラインイベント技法を活用する

オンライン会議を普通に進行すると、どうしても「聞くだけ」の人が多くなりがちです。しかし、聞いているだけでは当然ながら参加意識も下がり、会議の時間対効果も下がります。
そこで知っておきたいのが、オンラインイベントやオンラインワークショップの運営ノウハウです。

What オンラインイベント技法は、会議参加者を「聞くだけ」でなく「参加させる」ための手法

オンラインイベントの技法は、参加者を「聞くだけ」にさせず、議論や取り組みに参加してもらうための手法です。コロナ以降、さまざまなイベントやワークショップが、会場実施型からオンラインに移行しています。これらの取り組みで培われた技法を会議でも応用することで、能動的な会議を実現するわけです。

本書では私自身が日々のオンラインイベント運営・会議運営の中で活用している方法を紹介します。

Why 参加者のモチベーションを高められる

オンラインイベント技法を会議で応用すると、以下のようなメリットがあります。

- **聞いているだけよりも参加意識が高まる**
- **オンラインでも創発的な議論ができる**

聞いているだけよりも参加意識が高まる
話を一方的に聞いているだけよりも、自分が何かしら発表したりアウトプットを出したりする方が、当然ながら会議への参加意識が高まります。せっかく貴重な時間を会議に割くわけですから、参加意識は高いに越したことはありません。

またテレワークにおいて、オンライン会議はチームメンバーや仕事仲間と口頭でコミュニケーションをとる貴重なチャンスです。この機会を有効に活用するためにも、ただ会議で時間を抑えるだけでなく、会議参加者が発言・関与しやすくなる工夫を行うべきです。

メンバーズでは毎年3月末に全社総会を行っています。2020年3月は、1,300人以上の社員が一同に介し、表彰や会社の方向性の共有、また地域が異なる人との懇親会を行う予定でした。ところがコロナの影響で、この会を行うことはできませんでした。
そこで初のオンライン全社総会が行われました。配信はYouTube Liveを使って行われました。単に視聴をするだけでなく、コメント機能を使い、イベント中に書き込みができるようにしました。
私自身も参加したのですが、広い会場で遠くの壇上を見るよりも遥かに参加感があり、また表彰や発表に対するメンバーからの温かいコメントもとても微笑ましく、モチベーションが大きく上がりました。
全社総会の後のアンケートでは、なんと1,300人のうち97%が「会社への参画意識が上がった」という結果になりました※。さらに、オンラインでの開催にも関わらず「過去最高、最もピースフルな社員総会」「今までで一番社員同士の距離感が近く感じられる社員総会だった」と、非常に好意的なコメントも寄せられたのです。

この全社総会のように、オンラインでの実施であっても、工夫次第で、このように参画意識を高めることができます。普段の会議においても、さまざまな工夫を行うことで、参加意識を醸成できるでしょう。

オンラインでも創発的な議論ができる

テレワークでの会議においては、よく「業務の共有や進捗確認は問題ないが、アイデアを出すことや、新しいことを議論しながら成果物を生み出すことは無理」という話を聞きます。確かに、ただオンライン会議をつなぐだけでは、同時に話ができるのは1人ですし、ホワイトボードや付箋を使うこともできませんし、あまり新しいアイデア出しに適した状況とは言えないかもしれません。
しかしオンラインイベント技法を活用すると、オンラインであってもこのような創発的な議論を行うことは十分に可能です。

※ https://recruit.members.co.jp/column/20200414/

私自身も、ポップインサイトの経営時や、メンバーズでのチーム運営時には、いいアイデアが出ずに困ることがよくありました。そんなときには、チームメンバーを集めてオンライン議論を行っていました。そしてこの章で紹介するような工夫を行うことで、実際に集まって議論するときと遜色ないレベルで、さまざまなアイデアを出すことができました。また私1人で勝手に考えたものではなく、各メンバーが自ら提案してくれたものも多いので、その後の割り振りなどもスムーズに行うことができましたし、作業を振られたメンバーも高いモチベーションで取り組んでくれました。

創意工夫を行うことで、オンラインであってもしっかりチームで議論することができます。

How 進行方法・ツール・機能に慣れる

オンラインイベントを行ってきた中での具体的な工夫やポイントを紹介します。

- **少人数に分割する**
- **アイスブレークで自己紹介する**
- **共同作業ツールを使う**
- **議論内容を別チームにも共有する**
- **バーチャル背景を活用する**
- **チャットやQ&Aツールを使う**
- **アンケートをとる**

少人数に分割する

オンライン会議は多人数の議論には不向きです。そのため、議論を行う際には、少人数に分割しましょう。私自身は、議論をするなら5人以内、できれば2〜3人が良いと考えています。

メンバーズのマーケティングをレベルアップする取り組みとして、隔週で各事業部のメンバーを横断的に集めた会議を行っています。参加者は15人程度です。1回30分という短い時間ですが、冒頭の10分程度は、3〜4人のチームに分け、各自の近況や取り組みを議論してもらっています。少人数に分けることで、普段あまり話すことのないメンバー同士が個別に話すキッカケになり、その後のチームワーク促進に寄与します。

また先日、ある事業部の営業チームにおいて、提案力を上げていくためにどんな取り組みをすべきか、というテーマのワークショップを行いました。参加者は12人程度です。このときも、1時間という時間の中で、3人1チームでの議論を15分×2回用意しました。
1チーム15分2回という短い時間の議論でも、3人であれば1人1回5分×2、10分は自分が話せる時間になるわけです。

少人数に分けて議論する、という考え方をもっておくと、オンラインでの参加意識を一気に高めることができます。

少人数に分割する方法は2つあります。1つはオンライン会議ツールのルーム分割機能を使うことです。Zoomには「ブレークアウトルーム」という機能があり、主催者が自由に会議室を分けることができます。また分けた会議室を終了することも主催者ができるため便利です。

Zoomのブレークアウト機能を使うと、参加者を別の会議室に簡単に振り分けられます。また、全員を同じ会議室に戻すことも1クリックで可能

もう1つは、事前に会議室を複数つくっておき、会議の進行にあわせて各部屋に移動してもらう方法です。Zoom以外のオンライン会議ツールを使う場合はこの方法になります。少し手間ですが、URLを用意しておくだけなので、さして大きな手間ではありません。

メインの会議室（12：00～12：10）		https://meet.google.com/xxxxxxx
ワーク1の部屋 （12：00～12：30）	グループA	https://meet.google.com/aaaaaaa
	グループB	https://meet.google.com/bbbbbb
	グループC	https://meet.google.com/ccccccc
	グループD	https://meet.google.com/dddddd

アイスブレークで自己紹介する

チームを分けた後は、いきなり議論をするのでなく、まずは参加者同士が自己紹介する時間を設けましょう。「アイスブレーク」とも言いますが、自己紹介などで場を温めておくことで、その後の議論が格段にしやすくなります。

自己紹介をスムーズに行うために、以下の点をアナウンスしておくとよいでしょう。

- **自己紹介で話すべき内容（仕事内容、出身地、趣味など）**
- **自己紹介の順番（あいうえお順、年齢順、リストの記載順など）**

共同作業ツールを使う

会議中に個々人が自分の考えを整理し、各グループの議論内容をまとめるためには共同作業ツールを使うと便利です。私は主に次の2つを使います。

・Google スプレッドシート

議論したい観点が明確な場合はGoogle スプレッドシートがオススメです。まず各自が自分の考えを入力し、その後に発表し、議論内容を付け加えていくことが多い。

・miro
より自由度の高い議論をしたいときや、各自の内容に補足を付け加えたいときに便利。さまざまなフォーマットが使えますが、個人的にはマインドマップ形式を使うことが多い。スプレッドシートよりも操作がやや難しいので、会議の冒頭や事前に使い方を説明しておく必要があります。

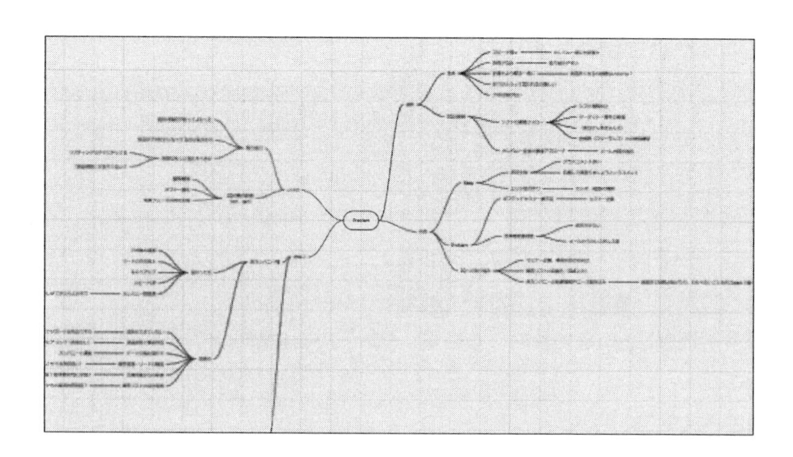

議論内容を別チームにも共有する

議論は少人数に分けて行うことが多いですが、それではせっかく各チームで話した内容が他チームのメンバーにはわかりません。共同作業ツールを使い、データ化しておくことで、後から内容を共有することができます。また、各チームで議論した後に、議論内容のポイントだけを改めて全体で共有してもらうこともよくあります。

ポップインサイトでは、毎回の朝会で「最近のよかったこと＆悪かったこと」「チャレンジしたこと」を共有する場を設けていました。
30人程度までは全員が同じルームで1人ずつ発表していましたが、さすがに人数が増えてきたので、共有はグループを毎回変えて分けていました。しかし、それでは同じグループになった人の近況しかわかりません。それでは寂しいということで、各グループの内容を、スプレッドシートで残すようにしました。
発表前に文章をつくるのは手間なので、発表する人は自由に話し、その内容を別の参加者が文字にする、というルールにしました。それにより、すべてではないにしても各自の近況を全メンバーが知れるだけでなく、聞いた内容をその場で文字にするという訓練にもなります。

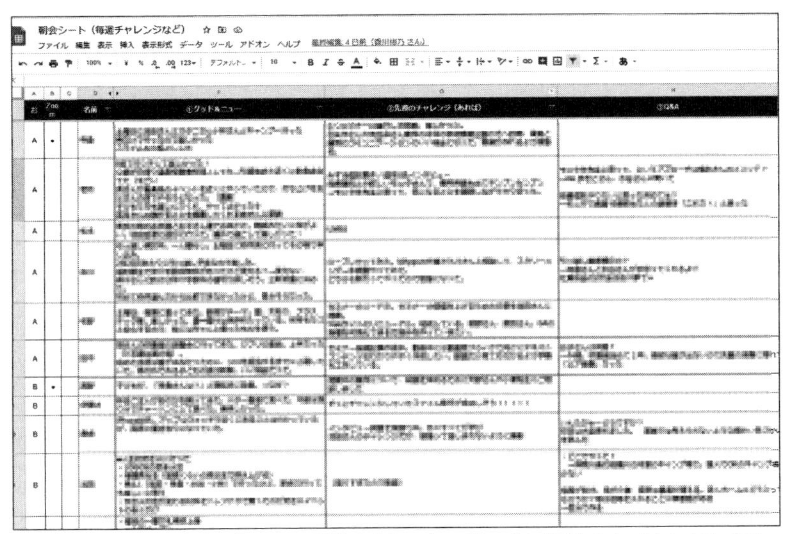

ポップインサイトでは、朝会で小チームの議論内容をスプレッドシートに記載します。これにより、他チームの状況も知ることができます。

バーチャル背景を活用する

ZoomやMicrosoft Teamsでは、バーチャル背景という機能で、人物部分以外の背景を変えることができます。元々は「家の背景を写したくない」という課題を解決するための機能ですが、さまざまな面白い活用方法が生まれてきています。

チームメンバーなどある程度気心がしれたメンバーに対しては、面白さを狙った背景を使うと、それだけでネタになります。オフィスでいうと「ちょっと面白い服装をしてくる」という感じです。

また、知らない人がいる会議などでは、名刺テイストの背景もオススメです。人数が多い会議だと、一度名前を伝えても忘れてしまうことが多いですが、このように自然と伝えることができます。

チャットやQ&Aツールを使う

参加人数が多い会議では、なかなか話を遮って質問することは困難です。また質問時間を別途設けたとしても、ほかのメンバーに遠慮し、質問しづらいことがあります。

このようなときには、チャットやQ&Aツールも併用すると良いでしょう。チャットであれば誰かが話しているときにも平行して使うことができますし、チャットだけでやり取りを完結することもできます。発言内容へのコメントや会議を盛り上げるときにも役立ちます。

チャットだと話が流れて困るときや、匿名の方が質問を集めやすいというときには、Q&Aツールを別途使う手もあります。私は全社会議などで話すときには、slido（https://www.sli.do/jp）というツールを使っていました。slidoは、質問を募集でき、かつ質問内容をリアルタイムに表示できるツールです。匿名での投稿ももちろんできます。プレゼンテーションと質疑応答を同じ画面で表示し、質問があったらその場で答えていきます。

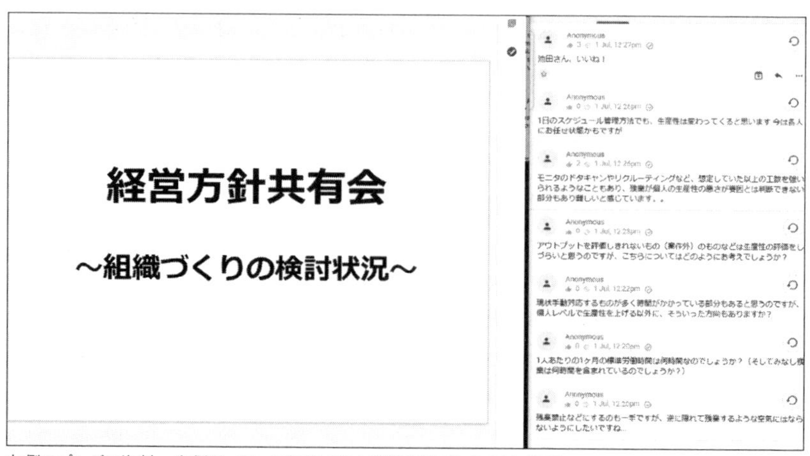

左側にプレゼン資料、右側にslidoに投稿された質問をリアルタイムに表示

アンケートをとる

オンライン会議の限られた時間だと、どうしても全員の理解度を確認できないことや、疑問や質問に対応できないことがあります。1on1などで後から対応すれば良いこともありますが、その場で確認しないと忘れてしまうこともあります。
そこで重要な会議では、内容の理解度や質問を、終わった後にアンケートで集めることもあります。アンケートは、通常は社外向けのイベントなどで集めことが多いと思いますが、社内の会議でも活用できます。
アンケートツールはGoogleフォームが無料で使いやすくオススメです。

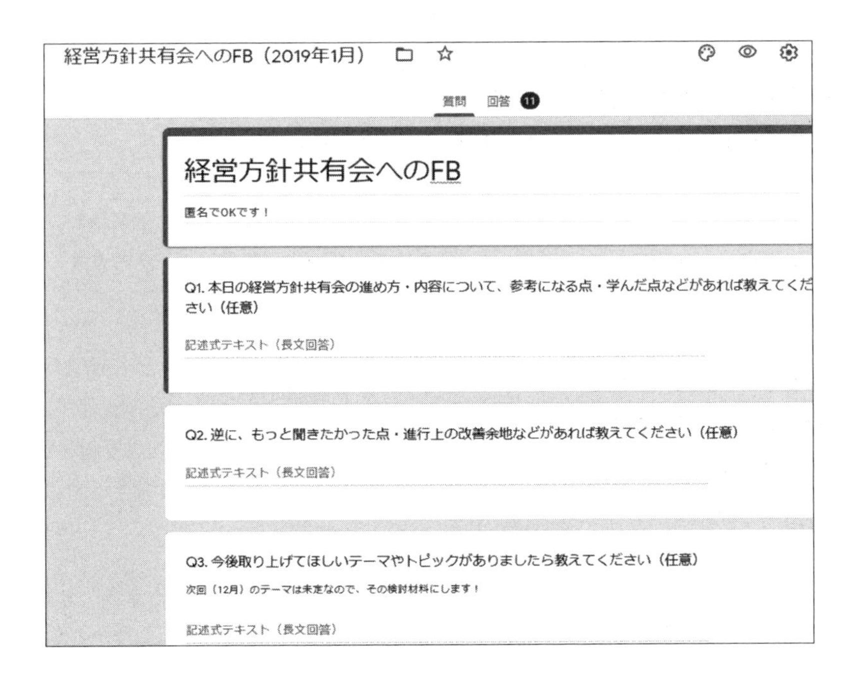

また集めたアンケート結果に対しては、基本的には自分チャンネルの中で、全体に向けて回答していました。社長時代には、自分のチーム以外のメンバーに対しても発信する必要があり、また自分の考えを直接社員全体に伝えることが重要だと思っていたので、全員が見れる状態で回答するよう心がけていました。ある会議では100を超える質問が来ましたが、「今後の給与制度・労務管理の方法」など答えにくいもの（取り上げにくいもの）も含め、全て率直に考えを伝えるようにしていました。

議事とTODOは整理し、すぐに行動する

テレワークか否かに限らず、会議の目的は意思決定・情報共有・アイデア出しのいずれかです。したがって、何が意思決定されたのか、情報共有されたのか、どんなアイデアが出たのかを参加者が理解・合意することが重要です。
そのため、会議を行うときには、議事とTODOを明確にしましょう。またTODOについては、できるだけ早くアクションに移しましょう。

What 議事とTODO可視化は、会議の議論内容をテキストで残すこと

議事とTODOの可視化とは、議事録のように議論内容を残すことです。議事録というとやや本格的な印象があるので、私は議事メモと言っています。よくある構成を次に示します。

- **相手のTODO（ご依頼）**
- **自分のTODO（宿題）**
- **決定事項**
- **議論内容**

特に重要なのはTODOと決定事項です。議論内容については必須ではありませんが、情報共有やアイデア出しが目的の場合は、できるだけ細かく残しておくと後から振り返ることができて便利。

社外での打合せではもちろん重要ですが、社内・チーム内の会議であっても、何かしら形に残しておきましょう。

■ご依頼事項

・1. 貴社NDAフォーマットをご送付頂く(想定期日:7月20日(月))
・2. 広告掲載の素案をご送付いただく(想定期日:7月22日(水))

■こちらのTODO

・サービス紹介資料の手配&ご送付
・NDAの法務への連携・お戻し

■決定事項

・掲載内容:月10万×3ヶ月で実施
・スタート:8月から
・広告案:貴社からご提案いただける

■その他議事

・広告掲載の背景
　→1. リスティングからの獲得数が少ないため
　→2. 予算が余っており、活用したいため

外部に送付する議事メモの例。社内・チーム内の場合、ここまで丁寧に書く必要はないが、要素としては同様

またTODOは、できるだけ会議直後もしくは会議中に行動に移しましょう。依頼メールを送る、予定を決めることなどは会議終了直後にできます。

?Why 認識の食い違いを防ぎ、TODOを示すことで仕事をスムーズに進められる

議事メモで議事とTODOを可視化し、またすぐアクションに移るべき理由を次に示します。

●内容の食い違いがないか確認できる

●会議への参画意識が伝わり、信頼が得られる

●すぐに動くことで、信頼が得られる

●仕事を先に進められる

内容の食い違いがないか確認できる

議事メモを送れば、内容の食い違いがないかを確認できます。オンライン会議に限りませんが、会議内容を参加者が正しく認識できているとは限りません。オンラインの場合、相手の理解度を把握しづらいこともあり、なおさら確認すべきです。

会議への参画意識が伝わり、信頼が得られる

議事メモを送るということは、会議内容をしっかり聞いていたということです。メール・チャットなどでその内容を送るということは、会議に参加していたことをアピールすることになります。
私自身の経験としても、クライアントとの会議で議事メモをつくる人は多いですが、社内やチームでの議論で議事メモをとって送る人はあまり多くありません。そのため、社内会議で率先して行うと相対的に「意識が高い人」という印象になります。

すぐに動くことで、信頼が得られる

会議が終わった後に、自分のTODOをすぐに動くと、「この人はしっかり仕事をする人だ」という印象につながります。テレワークにおいては、仕事の様子が目に見えないこともあり、ちゃんと仕事が進むのかどうかという不安がオフィスワーク以上にあります。会議の直後にしっかり行動し、それを示すことでも、信頼が得られます。

このことは、メンバーももちろん意識すべきですが、それ以上にマネージャーやリーダーなど、上長側も強く意識すべきです。メンバーはマネージャーの動きを見て育ちます。メンバーには仕事を要望するのに、自分自身は約束したタスクを遅れるようなことがあれば、信頼が損なわれますし、メンバーがタスクを忘れていても文句を言えません。

私自身も社長や役員という立場で、社内でのチームMTGでは上長側にいることが多いです。
だからこそ、社内会議で決まったことや、メンバーから依頼されたことは、いの一番に行動し、また行動したことを伝えるようにしています。それにより、「この人は言ったことはちゃんとやる人」と思ってもらえますし、また「上司がやっているんだから、自分もやらねば」という健全なプレッシャーにもなります。

仕事を先に進められる

議事メモではTODOを明確にします。特に、相手にやってほしいことは依頼事項として明示します。TODOをしっかり送っていない場合は、相手は自分のタスクとして認識していないかもしれませんし、その場では認識しても忘れてしまうかもしれません。TODOを送ることで、相手の行動を促せます。

How 依頼事項を中心に、できるだけすぐに送る

オンライン会議での議事の取り方やTODOの進め方についてのポイントを次に示します。

- **議事メモはできるだけリアルタイムに取る**
- **TODO、決定事項、議論内容を分けて整理する**
- **議事メモは会議後すぐに送る**
- **すぐできることを見つけ、素早く行動する**

議事メモはできるだけリアルタイムに取る

議事メモは、できるだけ会議中にリアルタイムに作成しましょう。内容理解やタイピング速度などの問題もあり、すべてを同時に行うことが最初は難しいと思いますが、訓練により精度・速度を上げることができます。

議事メモをリアルタイムに取れるだけでも、実は付加価値になります。Whyでも説明したとおり、社内・チームでの会議では、ほとんどの人が議事メモを取っていません。そんな中で議事メモをしっかり取ることができると、「この人が参加した会議は、しっかり内容が記録されてありがたい」という状況になります。もちろんやる気も伝わります。社内では多少ミスっても問題ないですし、ただ漫然と会議に参加するのではなく、ぜひ積極的にトライしましょう。

TODO、決定事項、議論内容を分けて整理する

議事メモは前述した次のパートに分けて整理するとわかりやすくなります。

- **相手のTODO(ご依頼)**
- **自分のTODO(宿題)**
- **決定事項**
- **議論内容**

私の場合、TODOはメモを取りながら「★」をつけるようにしています。こうすると、後から「★」で検索することでTODOだけをすぐ確認できます。

また決定事項は、会議が始まる前に決めるべき項目を列挙しています。事前アジェンダにも通じますが、そもそも「決めたいこと(論点)」自体は会議の前にある程度決まっているわけなので、最初からリストをつくっておき、決まったら埋めていけばいいわけです。またこれをしておくと「決まってるようで決まってなかった」という事態も予防できます。

■ウェビナーの決定事項
・ウェビナー日程・時間：
・ウェビナーの配信場所：
・資料配布の許諾：
・動画公開の許諾：
・アンケートでの確認項目：

議事メモは会議後すぐに送る

議事メモは、精度より速度が大事です。特に社内会議であれば、多少内容が粗く間違っていても「間違えました」で済むので、スピード優先で送付しましょう。

チーム内の議論は、SlackやChatworkなどのチャンネルにそのまま投稿することも多い。後から見返しやすいですし、投稿に対してコメントで「このTODOはすでに動きました」といった状況報告も簡単にできます。

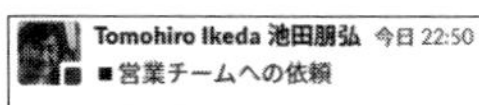

社内チャットツールで議事メモを送りつつ、コメント機能で進捗を共有

すぐできることを見つけ、素早く行動する

会議が終わったら、自分のTODOはできるだけその場で動きましょう。例えば、次のようなことは、会議終了直後に終えてしまいましょう。

- **●予定の設定：カレンダーに予定を入れる**
- **●会議不参加者への連携：関係者をCCに入れてメール（またはチャンネルを作成し、関係者を入れてメッセージ送付）**
- **●資料などの送付：すぐに資料を探し送る**

これらは、やろうと思えば数分もかからずにできます。会議直後にやろうが、翌日にやろうが、手間はほぼ一緒です。会議直後に動くことで「この人は仕事が早い」という印象になります。ダラダラとやるタイミングを伸ばすと、逆に「なかなか動いてくれない」と思われてしまいますし、そもそも忘れてしまう可能性もあります。

7

評価・育成に欠かせない 4つの取り組み

テレワークにおいて、評価やマネジメントをどうするかは会社・マネージャーにとっての大きな関心事です。評価制度やマネジメント手法については、日々さまざまな手法や考え方が生み出されており、また私の専門領域でもないため詳細な仕組みに触れることは避けますが、テレワークならではの事情を踏まえて「ここだけは抑えておきたい」という項目に触れていきます。

既存の制度や取り組みの中で、各エッセンスを可能な範囲で取り入れてもらえれば幸いです。

評価基準は擦り合わせる

評価は、メンバーのモチベーションやパフォーマンスを高める重要な機会です。特にテレワークにおいては、仕事以外でのコミュニケーション頻度が減ることが多く、また飲みニケーションでの叱咤激励などの機会も少ないので、なおさらです。
メンバーの評価に対する納得感を高め、モチベーションを上げるためにも、評価基準は事前に説明し、擦り合わせておきましょう。

What 評価基準の擦り合わせは、何が、なぜ評価されるかをメンバーに説明していくこと

評価基準の擦り合わせとは、評価の具体的な仕組みをメンバーに伝えることです。次に示す項目をちゃんと伝えておきましょう。

- **評価制度の仕組み（期間など）**
- **評価の観点**
- **評価観点ごとの基準**
- **評価と給与の結びつき**

評価基準は入社のタイミングで人事担当が説明することが多いと思いますが、意外と詳しい評価制度を知らない人は多い。チームメンバーにはマネージャーから、「正しく評価したい」という想いとともに、自身の口で制度を説明すべきです。

Why 出社組とテレワーク組に差をつけず、納得感を高める

評価基準を事前に擦り合わせておくべき理由を次に示します。

- **評価制度は、メンバーへの期待を伝える手段**
- **納得感がないと、モチベーションが大きく下がる**

評価制度は、メンバーへの期待を伝える手段

「何を評価するか」ということは、会社からの社員へのメッセージであり、チームからメンバーに対する期待でもあります。

メンバーズは2020年で社員数1,500人を超えており、評価制度も独自の制度を自社でつくっています。過去には外部の人事コンサルタントに依頼して評価制度をつくったものの、うまくいかず、幹部メンバーがさまざまな本から知識を吸収し、独自の制度をつくりました。人事コンサルタントは当然ながらさまざまな人事制度に熟達しており、知識も豊富です。それにも関わらず、なぜうまくいかなかったのでしょうか。それは、人事コンサルタントは「一般的な評価制度」は知っていても、メンバーズが「何を評価したいと思っているか」という考え方・思想を理解していなかったからです。メンバーズでは、在籍2年目以上の社員には「後輩への指導」がかなり大きなウェイトで評価される制度になっています。「メンバーズ」という社名のごとく、チーム一丸となって助け合い、成長しながら成果をあげてほしい、という思想が根底にあるためです。

ポップインサイトでは、職種ごとに評価基準を変えていましたが、最も多かったリサーチャという職種においては、「スキル」の評価ウェイトを大きくしていました。
「人生100年時代」において、いつまでも1つの会社に居続けるという保証は全くありません。もちろん会社としては長期的に一緒に働きたいのですが、そもそも会社が将来的に残っているかもわかりませんし、本人の環境や考え方も当然変わっていきます。
しかし当然ながら、せっかく同じ船に乗り仕事をともにした仲間には、会社に所属しているか否かに関わらず、今までより良い人生を送ってほしい。ポップインサイトに関わったことがその人の人生においてプラスになっていてほしい。そういった考え方が根底にあったため、より個人のスキル面を重視した評価制度にしました。
一方で、会社に長くいて貢献してくれたということも非常に重要です。「ずっと支えてくれて有難う」ということも評価時には伝えたい内容です。そのためスキルとは別に「貢献」という評価観点を別途設け、年功序列のように在籍年次を重視した評価としました。

このような評価制度の根底にある考え方をチームメンバーに伝えることで、「どうあってほしいか」という期待を伝えることができます。

納得感がないと、モチベーションが大きく下がる

会社やチームで働いていれば、上司や自身に関係するメンバーからは正当に評価してほしいと誰もが思うでしょう。納得感のない評価をされると、当然やる気はなくなります。事前に評価基準を伝えることで、本人の自己評価と実際の評価結果に想定外のギャップがあり、ダメージを受ける状態を防止できます。

私の大きな反省点ですが、まだポップインサイトができたばかりの未熟なタイミングでは、評価制度なども全く整っておらず、私の主観的な印象で評価が決まってしまうような状況でした。
あるメンバーの評価を行う際に、そのメンバーの自己認識は非常に高かったのですが、私の視点ではあまり好ましい印象がありませんでした。評価のタイミングでそのことを伝えると、そのメンバーは非常に意気消沈し、結果的に退職していきました。事前に評価基準も明確にしておらず、本人の心の準備もないままに評価を進めてしまったせいです。
また、テレワークだったこともあり、本人のモチベーションの低下を正しく理解できず、フォローができなかったことも要因の1つでした。

テレワークのパフォーマンスは、本人のモチベーションに依存する部分が非常に大きい。そして評価制度と評価結果は、モチベーションに多大な影響を与えます。テレワークにおいては、モチベーション低下を補う手段がオフィスワークよりも限られているため、なおさら重要です。

納得感の高い評価を行うために、「何を評価したいのか」を事前に明確にし、伝えていきましょう。

?How 評価制度をコミュニケーションツールとして活用する

評価制度をコミュニケーションツールとして有効に活用するためのポイントを次に示します。

- ●評価制度（ルール）を定める
- ●テレワークか出社かで評価基準を変えない
- ●自己評価をさせる
- ●評価状況は定期的に議論する
- ●昇給時には、評価理由をしっかり伝える

評価制度(ルール)を定める

当たり前の話ではありますが、評価制度の納得感を高めるには、説明できる制度・ルールを定めることが第一歩です。
もしまだ評価制度がない場合や、社長の好き嫌い・一存で決まるような状況の場合には、粗いものでもよいので評価制度やルールをつくりましょう。しっかりと評価する観点を定め、貢献に報いたいという姿勢をメンバーに示しましょう。

また評価制度では「なぜそのような評価制度にしたか」という考え方もしっかり明示しましょう。評価の根底にある思想を伝えることは、納得感やモチベーションを高めるためにとても有用です。
例えばポップインサイトで評価制度を変更した際には、以下のような「なぜ評価制度を変更したか」という目的を強く伝えるようにしました。

- **●評価の納得度の向上：評価・観点を現状に合わせることで、納得感が高い結果になるようにする**
- **●給与の安定性の向上：会社の業績が安定し財源に余裕がでてきたため、より安心して生活ができるように、インセンティブ（ボーナス）の割合を下げ給与割合を上げる**
- **●スキルの可視化：各自が成長の実感ができるようにする。また会社として身につけてほしいスキルを明確にする**

テレワークか出社かで評価基準を変えない

テレワークを広げていく上で重要なポイントとして、テレワークか出社かで評価基準を変えるのはやめましょう。「出社している人しか評価されない」という状況は、テレワークのメンバーのモチベーションを著しく下げます。

メンバーズでは、2012年に仙台にオフィスを構え、それ以降も北九州・神戸・札幌・鯖江などの地方拠点を増やしています。地方拠点をつくる企業のモチベーションの1つは人件費の削減です。
しかしメンバーズは、地域による給与差はつけず、能力や職務内容による全国一律の賃金テーブルにしています。今後ますます地方で働く人が増える中で、「地方は東京の下請け」という関係性ではなく、対等な仲間であるというメッセージを評価制度に含めているのです。

2020年4月から、「同一労働同一賃金」という制度※がスタートしました。この制度は、正規雇用労働者と非正規雇用労働者（パートや派遣）の間での不合理な差を解消する目的の制度で、能力や業績に差がない場合、給与や福利厚生も同レベルに提供しなければならないというものです。この制度はあくまでも雇用形態の差についての指摘ですが、今後テレワークが増える中で、出社労働者との待遇差が出てくれば、「出社労働者とテレワーク労働者の不合理な差」が同様に問題となるでしょう。

ただ当然ながら、出社することがより高い成果・より重要な業務内容に必要な要件であり、出社していることではなく高い成果・重要な業務内容に対して評価を上げることは問題ないでしょう。しかし単に出社だから、テレワークだから、という理由で評価基準を変えるのはやめましょう。

自己評価をさせる

評価では、本人の納得感が非常に重要です。特に本書のテーマである「チームコミュニケーション」という視点においては、納得感をいかに高められるかが最大の焦点です。そのための1つのポイントは、まず「自己評価」を出してもらい、その後に上司が評価するという進め方です。

No	コンピテンシー	サブタイトル	詳細	自己評価	その評価をつけた理由	上長評価	コメント
4	チームワーク	チームで仕事をしていくための基本	メンバーと協調し、他者に積極的に協力します。困っている人がいれば助け、チームの方針を理解して動くことです。チーム内の自分の役割を把握し、責任を持ってその役割を果たす。自分が協力・情報を適切にチームに提供する姿勢や、チームメンバーそれぞれの特徴を理解し、自分の意見が異なっていても、チームが決めたことに対して協力することも大切です。	A	[illegible]やABMメンバーとの協力体制や相互フォローなど、日常的にチームワークを意識しています。ただの仲良しではなく、ゴールにたいしてそれぞれのベストで取り組めるよう、お互いの状況や能力など相互確認しながら進めています。	S	・チームワーク重視して働こうという意識はとても高く、他部署からも評価を受けており、ABMチームもおかげで盛り上がっていると感じています！有難う！ ・新しい営業メンバーもぜひ加わってもらうべく採用もスタートしているので、チームワークを意識してくれるメンバー検討も一緒に進めていきましょう！
5	共感力	人の気持ちを察する力は、顧客ニーズを掴む力となる	共感力とは、他者の気持ちを推し量り、気にかけ、尊重することです。人の意見を鵜呑みにせず、違う立場や意見を持つ人を受容する。相手が気にかけてもらっていると実感できる言動を常に心がける。相手から「この人は自分のことを気にしてくれている」と思ってもらえる状態になれば、いろいろな人が安心して近づいてくるようになり、信頼できる相談相手として多くの人から認められます。	A	共感のための「聴く」というところを大事にしており、同じ課題を一緒に考えるというところまでを丁寧にすり合わせるよう意識しています。とはいえここをよりクイックに、仕事として必要な情報に辿り着くためのテクニックなどは[illegible]などから絶賛学び取り中です。	A	・社内については、運用チームとのコミュニケーションや[illegible]さんコミュニケーションにて共感力を発揮してくれていると感じています！ ・クライアントの審査理解などは、現場的には「カスタマー」にも入るかなと思いつつ、さらに鍛える余地はあると思うので、意識を上げていきましょう！
6	伝達力	「報・連・相」ができているか	自分が伝えたいことを、わかりやすく相手に伝える力です。口頭で説明する時も、文書やメールで伝える場合にも、要点をしっかりまとめて的確な伝え方をする。客観的な事実と主観的な意見を分ける。結論から先に述べ、その後に理由を伝える。とりとめのない長文にしない、まわりくどい言い回しを多用しないなど、相手を混乱させないように、簡潔かつ的確に伝える工夫や配慮が必要です。	B	引継ぎmtgが始まったことで、認識できていなかった抜け漏れに気づく機会が増え、「何を伝えるか」の部分を運用チームから学ばせてもらっている段階です。また、制作など自分がわからない部分についてもやはり「何を伝えるか」の部分が理解できていないので、この点は大きな課題です。	A	・報連については、[illegible]以降、定期的に早く対応してくれていると思い、改善してるかなと思います！ ・テキストでの内容整理なども、わかりやすさが増してると思い、レベルアップを感じます！ ・経験がない/浅い領域における相談の仕方をより洗練できるよう、以下のようなステップで工夫していきましょう！ ー論点を（想像して）リストアップする ー論点をグルーピングする ーグループにラベルをつける
7	継続力	プロジェクト成功のために必要不可欠な素質	困難や問題があっても、負けずに仕事に取り組み続ける力です。やると決めたことは最後まで取り組み、単純なことでもコツコツ努力を継続する。継続力とは、下積み時代を耐え抜く力のことも指します。不遇な時期や苦しい場面があっても、決して投げ出すことなく、一人前を目指す。たとえその成果が人から評価されなくても、頑張り続ける事ができるエネルギーの発揮が継続力です。	C	チェックシートがほぼ5月までで更新止まっており、継続的な取組にできませんでした。営業力観点では以下の4点でチェックしていました。 ー即レス（TELも） ー案件スケジュールコントロール ー信頼関係ファースト ーチャレンジ営業	B	・チェックシートがスタート＆実施できたのはとても良いと思います！ ・本日、先のイメージを決めて、改めての再実施を検討しましょうか！
8	創造的態度（意欲）	新しいことを受け入れて挑戦しているか	創造的態度（意欲）とは、どんなことにも広く興味を持ち、好奇心を持って物事を捉えることです。人の出した新しいアイデアや発想を否定せずに積極的に受け入れ、発展させようとします。常に物事の本質に迫ろうとする姿勢が求められます。今の自分に満足せず、人からのアドバイスを受け入れる柔軟性、現状がより良くなる方法を常に模索する向上心も大切です。	A	新しい人、新しい取り組み、新しいツールなど、いつも学ぶ機会と思いトライ精神で受け入れています。また、[illegible]プッシュ通知など新しいものを取り入れられないか考えることも興味が強いようで、そういうことを考えられる経験値を積んでいきたいと思っています。	S	・新しいことへの受け入れ/挑戦の姿勢、とてもよいと思い、ポップ全体にいい循環ができていると感じています！ありがとう！

コンピテンシー評価の一例。メンバーが自己評価をつけた後に、それに対して上長が評価する

※ https://www.mhlw.go.jp/content/000596888.pdf

自己評価をするメリットは3つあります。
1つ目は、評価してほしい点を漏れなく知ることができる点です。
上司側は、全員の状況をすべて把握できているわけではありません。そのため、メンバーが実は頑張っていたポイントや、評価してほしいポイントを見逃してしまうリスクがあります。これらを自己申告してもらうことで、褒めてほしいポイントを逃しにくくなります。

2つ目は、自己評価を通じ、振り返り・気づきを促せることです。
日々の業務に忙殺されると、落ち着いて自分自身を振り返ったり反省したりすることは容易ではありません。評価制度という仕組みを使い、内省を促したり、良い点に気づいてもらうキッカケとしましょう。

3つ目は、自己評価の過程で、会社の期待が伝わることです。
自己評価の観点やフォーマットを提示し、それを見ながら自己評価をつけてもらうことで、「こういうことを期待されているんだな」という理解が深まります。

ただ、人によっては自己評価の基準に大きくブレがある点には注意が必要です。たいていは「謙遜しすぎる」か「自己評価がやけに高い」かのどちらかになります。

このブレに対応するポイントは2つあります。
1つ目は上司側のブレをいかになくすかです。評価を最終決定するまでに、経営陣・マネージャー同士で評価を横並べにし、違和感や気になる点を潰す取り組みが良いでしょう。ポップインサイトではマネージャー同士で全員の評価を並べて確認していました。また、より規模の大きなメンバーズでは、人事委員会という組織があり、最終決定までに複数の人がチェックするスキームがあります。

一人前									
体調管理	A	A	A	A	A	A	A	A	A
チームワーク	A	A	A	A	A	A	A	A	A
主体的な行動	A	A	A	A	A	S	A	SS	A
企画提案力	A	A	A	A	A	A	A	B	B
伝達・表現（Lv2）	B	A	B	A	A	A	A	B	B
継続・責任感（Lv2）	S	A	B	SS	A	A	A	S	A
自責思考	A	A	A	A	A	A	A	A	A
ポジティブプラス思考	A	A	B	A	A	A	A	A	A
変化に適応	A	A	A	A	A	A	A	A	A
誠実な対応	B	A	S	S	A	A	A	A	A
マナー意識	A	A	A	A	A	A	A	A	A
オープンマインド	A	A	B	A	A	A	A	A	A
状況把握	A	A	A	A	A	A	A	A	A
QCD	S	A	B	A	A	A	A	A	A
カスタマー	A	S	A	A	S	A	A	A	A
プロフィット	A	B	B	A	A	A	A	A	A
成長意欲・学習意欲	A	A	A	A	A	A	A	A	A
情報発信	A	A	A	B	S	A	A	A	A

各自の評価を横並べにし、妥当なものになっているかどうかを議論

2つ目は伝え方です。謙遜する人に対しては「評価の方が高い」ため、伝えるときには問題ないのですが、自己評価が高い場合は「評価の方が低い」という状況になるため、「先に良い点を伝えて、後から改善点を言う」「良い点を多く話す」など、伝え方を意識する必要があります。

ポップインサイトでも、かなり早いタイミングから「POP48」というコンピタンスを作成し、項目ごとの達成状況を自己申告してもらい、その申告に対して上長がコメント・評価を返すという仕組みにしていました。一つひとつの観点にコメントを入れていくため、書く側も見る側も時間がかかりますが、定期的に振り返る上では貴重な機会でしょう。

評価状況は定期的に議論する

評価のタイミングは多くの会社が「半期単位」だと思います。また、評価以外の期間は評価制度にはあまり触れないことが多いでしょう。しかし評価制度は「期待を伝える」ためのコミュニケーションツールであり、半期でしか使わないのはもったいないです。半期単位だけでは自己評価で思い出せる量も少なく、評価機会の損失になりえます。

先日、株式会社Sansanが行うビジネスマッチングイベントに参加した際に、とあるHRツールが紹介されていました。そのツールのプレゼンの中で「パフォーマンス

マネジメント」という概念が提唱されていました。
これまでの評価制度は評価タイミングにまとめて結果を共有・報告するものですが、パフォーマンスマネジメントは毎週毎月のように定期的に状況を共有し、適切なフィードバックを伝え、より高いパフォーマンスが出せるように支援していくという考え方でした。
この考え方は確かに重要だなと思い、それ以降私自身も、評価タイミング以外でも、折に触れて設定した目標の状況を聞き、それに対してアドバイスやフィードバックをするように努めています。そのためのタイミングとしては「1on1」がとても有効です。

昇給時には、評価理由をしっかり伝える

昇給は、コミュニケーションの視点では、評価を伝える武器となります。そのため、単に昇給したという事実だけではなく、なぜ昇給という評価になったかという理由を伝えましょう。
昇給金額自体は会社全体の仕組みになるので変えることは難しいと思いますが、昇給理由の伝え方はコミュニケーションレベルでいくらでも改善することができ、モチベーションアップへの効果も大きい。

『1兆ドルコーチ』でも、このような話があります。
「報酬は経済的価値だけでなく、感情的価値の問題である。報酬は会社が承認、敬意、地位を示すための手段であり、人々を会社の目標に強く結びつける効果がある※」
昇給という行為が「承認、敬意、地位」を示す手段であることはしっかり理解し、活用すべきです。

昇給は「あなたを評価している」ことを伝える強い武器です。

※エリック・シュミット、ジョナサン・ローゼンバーグ、アラン・イーグル 著、櫻井祐子 訳『1兆ドルコーチ シリコンバレーのレジェンド ビル・キャンベルの成功の教え』(ダイヤモンド社、2019)pp.108.

1on1を毎週行う

テレワークは仕事の様子が見えない分、状況をお互いに共有することが重要です。チームメンバー全員で話す場ももちろん重要ですが、3人以上だとどうしても個人の話題を深堀りしづらくなります。そのため、1on1でメンバー一人ひとりの状況をしっかり把握しましょう。

What 1on1は、マネージャーとメンバーとの相談&支援の場

1on1は、マネージャーとメンバーが1対1で話をする場です。メンバーの状況を知り、メンバーの気になることや課題の相談に乗り、成長や業務成果達成を支援することです。

1on1は、マネージャー側からメンバーに対する情報連携・伝達の時間ではなく、メンバーからマネージャーに対し自由に話ができることが重要です。マネージャーではなく「メンバーの時間」であることを明示しましょう。

1on1での話題は自由ですが、次に示すトピックを話すと良いでしょう。

- **最近のプライベートの状況**
- **最新の仕事の状況**
- **仕事における悩み・課題**
- **将来のキャリアや方向性**
- **チームや会社に対する提案**
- **チームメンバーとの関わり方**
- **マネージャーへの要望**
- **メンバーへの要望**

1on1は1回30分程度で、できれば毎週行えると良いでしょう。メンバーの人数が多く難しい場合でも最低隔週に1回は行いましょう。

?Why 課題把握・成長支援・評価妥当性のいずれにも効く

1on1が重要な理由を次に示します。

- **●お互いを知り、信頼関係を築ける**
- **●課題や悩みを早期に把握できる**
- **●成長をしっかり支援できる**
- **●評価のファクトを集められる**

お互いを知り、信頼関係を築ける

1on1は、1対1で話を行う場なので、普段の業務時間では話しづらい内容も話せます。プライベートの状況や、将来のキャリア・方向性などは、1on1以外ではあまり話す機会がありません。このような会話を通じ、お互いに一人の人間としてどんな人生を歩んできており、またどこに向かおうとしているかを知ることで、業務上でも一人ひとりに合わせたコミュニケーションをとりやすく、信頼関係の構築にもつながります。

課題や悩みを早期に把握できる

1on1で話すことで、課題や悩みを把握することもできます。信頼関係が構築されていることが前提ですが、1on1を続けていくと、率直に抱えている課題や悩みを共有してもらえます。早いタイミングでこれらを知ることで、マネージャーとしても早期に解決の支援ができます。

1on1などで課題や悩みを話す場がないと、あるときに急に爆発しがちです。
ポップインサイトでも定期的に1on1を行う体制が導入できたのは数年前からですが、それ以前には、一見うまく仕事を進めていそうなメンバーが、「実は退職を考えている」「ほかのメンバーと実はうまくいっていなかった」といった話が急に出てくることがありました。
もちろん1on1の中では言い出せないこともあると思いますし、万能の解決策ではありません。ですが、定期的に悩みを共有する場があることは、ガス抜きの役割を果たし、大きな問題になることを予防できます。

成長をしっかり支援できる

マネージャーの立場では、どうしても普段はチーム全体の業績や成果に目が向きがちで、個々人の成長に目を向けることがおざなりになりがちです。1on1の時間をつくり、メンバー一人ひとりのことを考える機会があることで、個人の成長も支援しやすくなります。また一人ひとりの嗜好性や考え方を知ることで、チームにおける最適な役割分担も考えやすくなります。

評価のファクトを集められる

1on1は、適切な評価を行うためにも有用です。公正な評価を行おうと思うと、上司側の一方的な思い込みでなく、事実に基づいた評価をする必要があります。評価観点や方向性を事前に合意した上で、毎週の1on1の中で課題の達成に近いエピソードや事実を収集しておけると、評価タイミングでも活用できます。

最近の私自身の取り組みとしては、評価の観点・業績目標を1つのシートにまとめてメンバーに渡しておき、1on1のタイミングなどで、それらの項目に合致する取り組み・成果・エピソードを話すようにお願いしています。評価時にまとめて振り返るだけだと粗い情報になってしまいますが、1on1を「中間報告」のような場として活用することで、しっかりとファクトを積み上げていくことができます。
また定期的に評価観点や業績目標を振り返る機会にもなるので、自然とそれらに沿った行動を促すこともできます。

?How 定例化し、雑談や業務外のことも話す

テレワーク環境で部下との1on1をうまく運用していくためのポイントを次に示します。

- **定例化する**
- **メンバーの話したい内容を尊重する**
- **仕事以外の話題にも触れる**
- **一方的な指導の場にしない**
- **リフレッシュを兼ねる（散歩など）**

定例化する

1on1は定例予定にしましょう。都度の予定設定だと、どうしてもほかの予定が入ってしまい、後回しになりがちです。しかし1on1は、マネージャーとしてチームメンバーを支援するための重要な取り組みの1つです。工数を確保し、毎週行うことを前提として予定を組むべきです。

メンバーの話したい内容を尊重する

1on1は「メンバーのための時間」なので、話す内容もメンバーに委ねましょう。マネージャーとしても、どうしても言いたいことがあると思いますが、まずはメンバーに「今日話したいことある？」と主導権を渡し、その話を終えた上で自分のトピックに移るようにしましょう。

仕事以外の話題にも触れる

1on1の最大の目的は「信頼関係の構築・維持」です。信頼関係をつくるためには、仕事だけでなく、お互いの背景や状況を知っておくことが有用です。そのため、仕事の話題だけでなく、家族や友人・趣味の話など、プライベートな話を入れましょう。仕事の話を始めてしまうと、どうしても話題が仕事に偏ってしまうため、1on1の冒頭はプライベートな話にできると良いでしょう。

個人的に強く意識しているのは、相手に「関心を持つ」ことと、「聞いてあげる」でなく「教えてほしい・知りたい」という気持ちになることです。プライベートの話題を仕方なくしたとしても、話の内容に関心を示さなかったり、上から目線で話を受け取っていると、当然話してるメンバーは嫌な気分になりますし、むしろ信頼関係は損なわれるでしょう。
その人にどんな背景があり、どんな考え方をしていて、またどうなっていきたいのか。一人ひとりに全く異なる人生があり、その一つひとつを知ることは、自分の人生観を深めることにもつながります。プライベートな話題を通じて、むしろ「メンバーから学ばせてもらっていて、ありがたい」という気持ちを持つことは、信頼関係を築く1つの鍵でしょう。

一方的な指導の場にしない

1on1は「一方的な指導の場」ではありません。1on1の中で、一方的に「今後ああしろ」「あれが駄目」などとダメ出しが続くようでは、信頼関係を構築するどころか、逆に損なわれてしまうでしょう。そのような場になってしまうと、相手も1on1の場に緊張感が生まれてしまい、話題が限定されてしまいます。基本的には「相手の視点を増やす」「相手の背中を押す」というスタンスで臨むべきでしょう。

ただ、年次が浅いメンバーや、仕事において不適切なスタンス・取り組みをしている場合などは、どうしても注意する時間になりがちです。そんなときにも、一方的な指摘ではなく、話し合いを通じて共通の理解を得るアプローチを取るべきです。ポイントは、マネージャー個人の考え方・スタンスを前提とするのではなく、最初に行動指針・共通理解といった「相互に合意した前提」をまず確認し、そこから話をすることです。

また今後のチーム全体の生産性を上げるうえでは、このような内容は個人に留めるのでなく、チーム全体の考え方として明文化しておけるとより良いでしょう（もちろんチーム単位でなく、会社単位でより上位の行動指針のような形にする手もあります）。

リフレッシュを兼ねる（散歩など）

チームメンバーとの1on1は、マネージャーの重要な仕事である一方で、肩肘張って取り組むような時間ではありません。むしろ目先の業務を一度離れ、リラックスした気持ちでメンバーとの時間に集中できる方が望ましい。そこで個人的には、1on1の時間は散歩などのリフレッシュ時間を兼ねることをオススメします。

私も、1on1になると外に出て、散歩をしつつ、Air Podsでつなぎながら話をするようにしています。外に出ることで自分自身の気持ちもリフレッシュできますし、テレワークで問題になりがちな運動不足の解消にもなりますし、パソコンから離れることでメールやチャットなどのノイズから離れ1on1の会話に集中できます。
話しながら散歩していると、周囲の人からうるさい・変な人と思われないかが心配なので、人とすれ違う時にはスマホを耳にあて、独り言ではなく電話で話していることをアピールしています。また風の音など環境音が若干うるさいので、事前にメンバーに合意を得たり、話を聞くときにはミュートを活用しています。

ギャップアンケートで状態を把握する

テレワークであってもオフィスワークであっても、仕事をしている中で、誰しも何かしらの不平不満が出てきます。それらを早いタイミングで把握し、改善・対応することで、先々の大きなトラブルを予防できます。それを解決するものが「ギャップアンケート」です。

What ギャップアンケートは、働き方への満足度を収集する仕組み

ギャップアンケートは、メンバー各自の働き方に対する満足度を確認し、早期に不満や要望を把握する取り組みです。人によって「理想的な働き方」は異なるため、各自の「自分の理想」と「現状」のギャップを把握することを主眼としています。

ポップインサイトでは、Googleフォームで下記のようなシンプルなアンケートを作成していました。週1回程度の頻度で行い、変化を早期に察知できると良いでしょう。

働き方のギャップ確認アンケート！

（前提1）■各個人によって、更に言えば、個人に中でも時と場合や状況によって、
理想とする働き方は違うものである
⇒人事部としては、各々の理解を深めたいと思っています。

（前提2）■組織の拡大に連れてメンバーも増員傾向にあり、
各メンバーの日々の状況把握が追いつかないケースも出てきている
⇒よりスピーディーに状況をキャッチアップするために設けました。

自分の今現状の働き方（働く量や質）と理想とする働き方のイメージとの乖離を確認するアンケートです。

下記の質問に回答お願いします！

このフォームでは 株式会社ポップインサイト のユーザーのメールアドレスが自動的に収集されます。 設定を変更

『今週の働き方（働く量や質）』と、『理想とする働き方（働く量や質）のイメージ』にギャップはありましたか？ *

1 2 3 4 5 6 7 8 9 10

ギャップが非常に大きいと感じている ○○○○○○○○○○ 全くギャップが無く、気持ちよく働けている

上記回答の理由を具体的に教えてください。 *

記述式テキスト（長文回答）

近い趣旨のサービスとして「wevox」や「モチベーションクラウド」などもあります。これらの導入を検討してもよいでしょう。

チーム単位で行ってもよいですが、あまり人数が少ないと回答しづらくなるので、できれば部署・会社など大きな単位で行いましょう。

Why 不満や要望を組織全体で早期に検知し、サポートする

チームのコンディションチェックにギャップアンケートが有用な理由を次に示します。

- **1on1では不満・要望を出せない人もいる**
- **改善のヒントが得られる**
- **推移・変化を残せる**

1on1では不満・要望を出せない人もいる

不満や要望を把握するための取り組みには、前述した1on1があります。しかし、1on1は上司や同僚と「直接話す」場になるため、人によっては逆に伝えづらいケースもあります。特に上司との関係性次第では、何も伝えられないケースもあるでしょう。アンケートという形式で、かつ週1回などで定期的にアンケートを回収する機会をつくることで、口頭では伝えづらい内容を伝えやすくなります。

「そんなアンケートで本音を回答するのか？」と思う方もいると思います。そもそも回答しない人もいますし、本音を書かない人もいます。しかし、個人的な印象としては、予想以上に率直に答えてくれる人が多くいました。

以下は実際に、私のチームメンバーが回答してくれた内容の一部ですが、これらを定期的に把握できるとマネージャーとして正しい危機感を持つことができますし、また個別フォローもしやすくなります。

- **運用のことを理解しきれていない中で、どうしても盲点みたいなところがまだまだ結構あるので、そこを気にしながら営業するバランスや、漏れたことのフォローで営業の重要タスクを止めてしまうことは結構ストレス**

- 不確定要素が多く諸々調整に追われていた一週間であった。不確定要素を決めに行く、認識を合わせに行くのが苦手で効率的に稼動ができなかった
- ほかの人より持っている案件数的に少なく、案件レベル的にも高くはないはずなのにQCDバランスが良くなく個人として課題感
- 働く量としては、これ以上は質が先方にお見せできないレベルになってしまうので、これ以上は厳しい
- 最近以前よりアポ獲得数が落ちてきており、焦りがあります
- 壁打ちの思考と自分でプロアクティブに進める仕事ができていなく自己責任の反省があります
- 覚えることが多く作業時間がかなり増えている。慣れるまでの辛抱だと思うが、結構しんどいと感じる1週間
- 突発の業務などがあるとやることの整理組み立てが苦手なため混乱することがある。やること、納期、掛ける時間、どのレベルでやるかを都度意識しながら取り組みたい
- かなり運用で切迫している状況です。残業し出来るだけ当日で解消できるよう努めていますが、今後依頼が増え続けるようであれば、私だけの対応では難しくなってきていると思います。

改善のヒントが得られる

アンケートでは、現状や不満だけでなく、「こうしたら良いのに」という提言ももらうようにしています。

以下は実際に、ポップインサイトのときに挙げられた提案の例です。

- 今回の案件、夜や休日が多く、家庭の事情もあり結構大変でした。「インタビュー用にカラオケボックスなどの部屋を借りて良いよ」など、配慮があると良いかなと思いました
- 夏季休暇・年末年始で有休を消費するということであれば、もう少し有給の日数をいただきたいです。親族周りのイベントで有休が消化されてしまうので、自由に使える有給が結構少ない
- アサインされる3日前くらいにはアサイン予定を教えていただける（相談していただける）とうれしい

当時は社長という立場であったため、このような提案・発案が上がることで、すぐに社内制度のトライを行うことができました。マネージャーなどで制度レベルの権限がない場合でも、このような話が挙がることで、社内への提案の材料にもなりますし、背景にある事情を改めて確認した上で、コミュニケーションレベルで改善できる点も多々あるでしょう。

推移・変化を残せる

アンケートとして定期的に情報を取得することで、各自の推移を把握できます。ある時期に急にギャップが大きくなる場合は危険信号ですし、逆に対応によって改善していることもわかります。

以下は実際の推移の様子ですが、同じ人でも、働き方への満足度に大きく変化があることがわかります。人によって「そもそも高くつけやすい人」「低くつけやすい人」などの傾向がありますが、その個人の推移を追うことで、相対的な調子の良し悪しを推定できます。

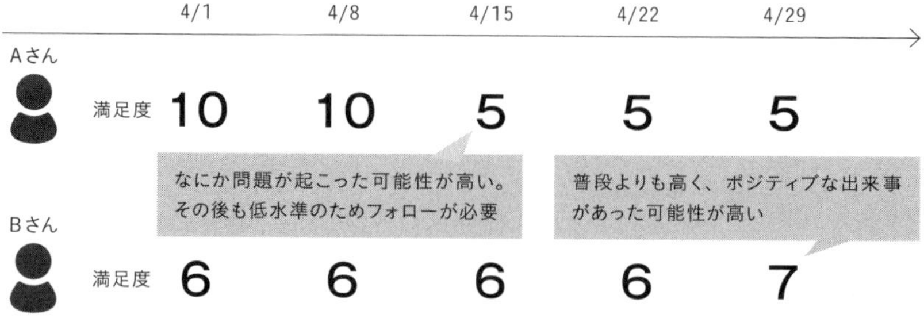

		4/1	4/8	4/15	4/22	4/29
Aさん	満足度	10	10	5	5	5
Bさん	満足度	6	6	6	6	7

なにか問題が起こった可能性が高い。その後も低水準のためフォローが必要

普段よりも高く、ポジティブな出来事があった可能性が高い

How 全員回答にこだわらず、できる範囲で始める

ギャップアンケートを運用していく上でのポイントを次に示します。

- **取り組みの思想を伝える**
- **自分のチームだけでなく、組織全体の取り組みにする**
- **上司も見ることを伝える**
- **回答は任意にする**
- **要望・課題に対応・反応する**

取り組みの思想を伝える

「何のためにアンケートに答える必要があるのか」は、しっかりと明言し、伝えるようにしましょう。ポップインサイトでは、以下のような趣旨をアンケート冒頭に明示していました。

- **各個人によって、また時と場合によって、理想とする働き方は違うものである。それを理解したい。**
- **組織拡大により各メンバーの細かな状況把握がしづらくなっている。そこをフォローしたい。**

自分のチームだけでなく、組織全体の取り組みにする

チーム内だけで実施すると、人数が少なく、また回答結果を直属の上司が見るという状況も容易に推測できてしまうため、回答がしづらくなります。会社単位・部署単位など、ある程度大きめな仕組みとして提示することで「直接自分の上司が見るもの」という印象が緩和でき、回答しやすくなるでしょう。

ポップインサイトでもメンバーズでも、会社単位で同様の取り組みを行い、それぞれの結果をチームマネージャーに共有するという仕組みにしていました。これにより、直接的には言いづらいことを率直に伝えてくれるようになります。

上司も見ることを伝える

アンケート回答内容は個々人の気持ちや、場合によりプライベートな状況を含む場合もあります。そのため「誰までこの結果を見るのか」ということは共有しましょう。上司が見ることを知らずに回答し、上司がその内容を知っていることが後からわかってしまう、といった状況があると、回答者の組織に対する信用を損ねてしまいます。

回答は任意にする

アンケート回答は必須ではなく「任意」にしましょう。このようなアンケートに対しては、「回答したくない」「いや」という嫌悪感・抵抗感をもつ人も一定数います。無理に回答を強制することで、適当な回答をつけられては実施する意味がありません。また「回答しない」という行為そのものが、「無言の回答・不満」になるという場合もあります。少なくとも、最初のトライアル段階などでは任意回答でスタートする

と良いでしょう。

ポップインサイトも任意にしており、回答率は6割程度でした。また、同じメンバーでも時期によって回答したりしなかったりとまちまちでした。アンケートの目的は「各自の状況を知り、不満や要望を早期に吸い上げ解消することで、より快適に働ける職場をつくる」という部分にあり、回答を得ることそのものはコミュニケーションの手段に過ぎないので、回答を必須にする必要はありません。

要望・課題に対応・反応する

課題や要望を受けたら、当然ですが「受けっぱなし」にせず、しっかり回答しましょう。このような取り組みでよくあるのは「全員から回収するが、その結果がどう使われているかわからない」というケースです。

ポップインサイト時代に、ほかの会社から転職してきたメンバーが指摘してくれた内容を次に示します。

> アンケートに対してFB(フィードバック)する取り組みは素晴らしい。あのようなシートを書く機会はいろいろな会社であると思うが、FBをされたことはなく、そもそも読まれているのかどうかもわからない状況であった。このように、きちんと会社側が社員の声を拾っているという姿勢が見えるのは、会社を好きになる要因の1つになるので、是非会社の規模が大きくなっても続けていただきたい。ありがとうございます。

当時は社長という立場であったため、「しっかり反応する」ことを強く意識していましたが、チームのマネージャーであっても同様に意識すべきです。社内制度を変更するといった大きなアクションはできなくても、メンバーの考えに対して自分の捉え方を説明したり、改善提案を経営陣に伝えて、その反応をメンバーに共有するなど、コミュニケーションとしてできることはたくさんあります。

ヒーローを称える

「チームで仕事をする」ことは、気心がしれた仲間たちと、ある目標に向かって一緒に頑張るというとても充実した時間です。それでもチーム内には活躍する人もいれば苦戦する人もおり、また給与や賞与にも差がつくなど、キレイゴトだけではすまない面も多々あります。
そんなときに重要な考え方が、ダメな人・弱い部分に目を向けるのではなく、活躍する人・強みに着目する「ヒーローを称える」というものです。

What ヒーロー称賛は、チームにとって価値ある取り組みを褒め、より良い成果を目指す雰囲気を醸成すること

ヒーロー称賛は、会社やチームにとって価値の高い取り組み・姿勢を褒め、それを通じて全体がより良い成果を挙げようとする雰囲気を醸成することです。弱みや苦手を責めるのではなく、強みや成果に着目し、そちらを伸ばすということです。

称賛するシーンは、朝会やチャット上、1on1でのフィードバックなど日常的なシーンから、期末表彰などさまざま。

Why 活躍する人のモチベーションを維持し、チーム全体を底上げする

なぜマネジメントポリシーとして「ヒーロー称賛」が重要になるのか、その理由は以下です。

- **ハイパフォーマーのモチベーションを下げない**
- **ハイパフォーマーを通じ、チーム全体の意識を上げる**

ハイパフォーマーのモチベーションを下げない

チームの成果創出という観点では、ハイパフォーマーのやる気を下げず、高いモチベーションを維持してもらうことが重要。平等意識によって高いパフォーマンス

を認めず、逆にローパフォーマーの改善にばかり時間を割いてしまうと、好業績を挙げているメンバーのモチベーションは上がらないでしょう。チームの業績を牽引する人間のモチベーションが下がり、また最悪の場合退職につながると、当然ながらチーム全体に大きく影響します。
往々にして、マネージャーはローパフォーマーのフォローに時間やコストを割きがち。しかし本来はハイパフォーマーにこそ時間や労力を割くべきです。

私がこの重要性に気づいたのは、外資系企業のカルチャーを学んだときです。
ある企業の営業組織の給与制度・インセンティブ制度を提案して欲しいという依頼がありました。その企業の社長の危機感は「営業マンの人数が増えたことで、やる気があまり高くない社員が増えている。しかしインセンティブ制度がないことで、業績によって短期的な給与は変わらないため、危機意識が低いのではないか」というものでした。
インセンティブ制度とは、売上・業績によって給与が変わる仕組みです。外資系企業ではインセンティブ制度が当たり前のように導入されており、業績の良い営業マンは数千万クラスの年収をもらっていることもあります。これらの外資企業の仕組みを参考にした上で、その企業にあった形のインセンティブ制度を検討するということがテーマでした。
そこで、世界的に有名な外資系企業の何社かにインタビューしました。私の外資系企業への元々の印象は「できない人に厳しく、成績が上がらないとすぐにリストラされる弱肉強食の世界」というものでした。そのため、クライアント企業の社長の課題感に対する打ち手として当てはまるのではないかと考えていました。
ところが話を聞くと、この考え方が誤っていたことがわかりました。外資系企業では、「やる気がない社員をどうするか」ではなく、「ハイパフォーマーのやる気をいかに高め、そこに憧れる空気をつくるか」という考え方で制度がつくられています。たしかに業績が悪い社員は徐々に退職するのですが、それはリストラや厳しいプレッシャーというよりは、むしろハイパフォーマーと比較されることで居心地が悪くなるため。ハイパフォーマーが輝く組織をつくることで、結果的にローパフォーマーも立ち去るかハイパフォーマーを目指すかの選択を余儀なくされる雰囲気を醸成しているわけです。しかも、ローパフォーマーに対しても厳しくあたるわけではなく、むしろパフォーマンスを高めてもらうためのさまざまなサポートに腐心しているとのことでした。
この話を聞き、目からウロコが落ちました。その後、クライアント企業の社長に対しても、まず考え方を「ローパフォーマーの成敗」から「ハイパフォーマーの称賛」という方針にし、それに向けたインセンティブを含めた社内制度を検討していくことを提案しました。

なお余談ですが、インセンティブ制度をうまく機能させるには、「テリトリー設計（誰がどの範囲を担当するか）」「目標設計（テリトリーごとの期待値に応じた適切な目標）」「組織設計（一度立てたテリトリー＆目標は期間内にはいじらない前提の固さ）」などが前提として不可欠であることもわかり、これらが未整備なままにインセンティブ制度だけを導入することはリスク・ダメージが大きいということで、よりマイルドな制度を考えることになりました。

ハイパフォーマーを通じ、チーム全体の意識を上げる

ハイパフォーマーを称賛することは、チーム全体の意識を業績に向けることができます。「ダメ出し」ではなく「良い出し（良い点を褒める）」を通じて、目指すべき方向性を設定するわけです。ベンチャー企業などでは表彰・MVPなどの褒め称える制度をつくっていることが多いですが、まさにこの趣旨で実施されている制度でしょう。そしてこの考え方は、テレワークを中心としたマネジメントでも依然として有効です。

ポップインサイトでも、ハイパフォーマーを称える取り組みとして、半期に1回の全社会議を行い、「ポップインサイトアワード」という表彰式を行っています。本来は全社員を集めた場でやりたかったのですが、2020年3月はコロナの影響で集まることができず、全員オンライン会議で行いました。しかしオンライン形式であっても、パフォーマーを称えるという趣旨は問題なく実現することができました。

メンバーズでは、「日本中のクリエイターの力で、気候変動・人口減少を中心とした社会課題解決へ貢献し、持続可能社会への変革をリードする」というビジョンに向け、ビジネスと社会課題解決を両立する「CSV（Creating Shared Value）」の支援を事業の方向性としています。クライアント企業のCSV支援をデジタルマーティングの側面から支援するというものです。CSV支援を全社員が意識し、積極的にクライアントに提案していくための施策の1つとして「C-1グランプリ」というイベントを社内で開催しています。
これは、クライアントへのCSV提案やその実現度合いを社内で持ち寄り、うまくいっ

た成果を称えるための取り組みです。
このような取り組みを全社的に推進した結果、メンバーズ全体としてのCSV提案意識を高め、さまざまなクライアントでのCSV事例創出につながっています。

How 褒めやすい制度・仕組みと組み合わせる

ヒーロー称賛という考え方を浸透させていく上でのポイントを次に示します。

- **「ダメ出し」から「良い出し」へ**
- **表彰制度をつくる**
- **行動指針とも紐付ける**
- **第三者からの称賛の声を集める**

「ダメ出し」から「良い出し」へ

マネージャーや経営者になると、どうしても「ダメ出し」に意識が向きがちです。「本来やるべきことができていない」「求める水準に達していない」など、ダメ出しをしようと思えば、いくらでもできます。しかし、ダメ出しを重ねるだけでは、ネガティブなプレッシャーが蔓延し、チーム全体・会社全体の雰囲気は悪くなります。
そうではなく「良い出し」へと意識を変え、周知していくことで、ポジティブなプレッシャーを高め、それによって全体を底上げしていくという考え方をすべきです。

経営学の泰斗であるドラッカーは『経営者の条件』で、こう書いています。
「成果をあげるためには、利用できるかぎりの強み、すなわち同僚の強み、上司の強み、自分自身の強みを使わなければならない。強みこそが、機会である。強みを生かすことが、組織に特有の目的である」※

テレワークの時代、同じ職場で同じ経歴の人ばかりが集う昔ながらの職場はなくなりました。一人ひとりが多様であり、異なる背景・考え方・能力を持っています。そんな時代だからこそ、「ダメ出し」ではなく「良い出し」の必要性がさらに高まるでしょう。

※P・F. ドラッカー、上田 惇生『経営者の条件』(ダイヤモンド社、1995)pp.96.

表彰制度をつくる

称賛を行うための最もわかりやすい仕組みが「表彰制度」です。リクルートやサイバーエージェントなど、成長を続ける企業のカルチャーにも必ず出てくる仕組みです。ハイパフォーマーを称える場として、非常に使いやすい制度のため、もし表彰制度がない場合には、組織にあった形で導入すると良いでしょう。

「うちは表彰でお祭り騒ぎするようなカルチャーじゃない」という会社もあると思いますが、大丈夫です。ポップインサイトも、私を含めて内向的なタイプの人間が多く、いわゆるお祭りのような表彰制度は苦手でしたが、全く問題なく実施できました。
社員を一堂に会して行った1回目の全社会で、最初の表彰を行いました。動画やBGMなどの演出も全くありませんでしたが、発表後は非常に温かい空気に包まれ「もっと頑張ろう」という雰囲気を醸成できました。
また2020年3月の表彰は、一堂に会することができなかったので、オンライン会議で行いました。色紙のようなスライドをつくり、読み上げ、本人にコメントをもらうというシンプルな進行でしたが、何の問題もありませんでした。

表彰制度に、どんちゃん騒ぎやかっこいいステージ演出は必須条件ではありません。「活躍しているメンバーをしっかり称えたい」という発想のみが重要です。

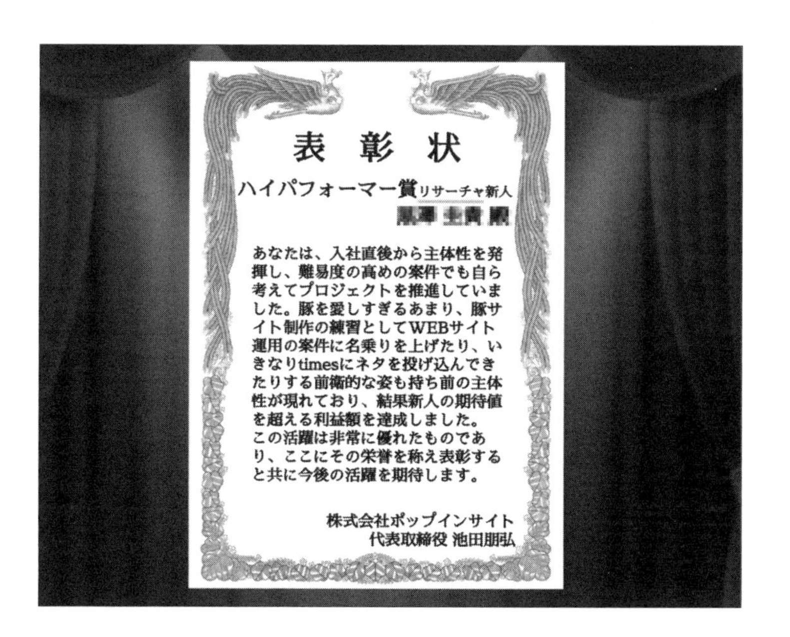

表彰状

ハイパフォーマー賞リサーチャ新人

あなたは、入社直後から主体性を発揮し、難易度の高めの案件でも自ら考えてプロジェクトを推進していました。豚を愛しすぎるあまり、豚サイト制作の練習としてWEBサイト運用の案件に名乗りを上げたり、いきなりtimesにネタを投げ込んできたりする前衛的な姿も持ち前の主体性が現れており、結果新人の期待値を超える利益額を達成しました。
この活躍は非常に優れたものであり、ここにその栄誉を称え表彰すると共に今後の活躍を期待します。

株式会社ポップインサイト
代表取締役 池田朋弘

余談ですが、2019年10月に行った表彰式では、受賞の様子を一人ひとり動画で撮影し、後からデータを送るという取り組みを行いました。お子さんがいる方、特にお母さんの場合は、働く動機の1つが「子供に働いている姿を見せたい」ということがあります。動画を家族で見てもらい、「お母さん・お父さんがしっかり会社で活躍しているんだよ」ということを伝えてもらいたいと考えました。

行動指針とも紐付ける

ハイパフォーマーを称える際には、結果だけでなく、結果につながった行動や考え方・プロセスも同時に共有することが重要です。スタンスや取り組みがわかることで、それを参考にして真似することができます。そしてこれらの要素は、まさにチーム全体が持つべき「行動指針」でもあるべきです。
行動指針とハイパフォーマーの取り組みを紐付けて共有することや、行動指針自体をアップデートすることによって、組織全体に浸透しやすくなります。

第三者からの称賛の声を集める

経営者・マネージャー・同僚などの社内からの推薦ももちろん嬉しいと思いますが、社外の第三者からの推薦もとても励みになります。メンバーが活躍した結果を把握できる仕組みをつくり、それらを社内で共有するような取り組みもできると良いでしょう。

ポップインサイトでは、案件が終わるたびに、クライアントからNPS（Net Promoter Score）を取得しています。
NPSとは顧客ロイヤリティを計測する手法の1つで、「○○を友人や同僚にオススメしますか？　0～10の11段階でお答えください」という推奨意向度を質問するものです。毎週の朝会で、NPSの計測結果を全員に共有するようにしています。
もちろん悪い結果が来ることもあり、それは反省材料にもしているのですが、目的はあくまで「ヒーロー称賛」です。頑張って仕事に取り組んだ結果として、クライアント・社外から頂く率直なお褒めの言葉は、本人ももちろん嬉しいですし、会社全体・チーム全体としても誇らしい気持ちになります。

リサーチチームからの共有…NPSアンケート回答の紹介　Confidential

【クライアント評価者】
【運用担当】
【営業担当】
【1.評価（10段階）】　10
【2.評価の理由】
他のリサーチ会社さんを私が窓口で利用したことがないのですが、社内他メンバーによると、他のリサーチ会社さんより利用しやすいと聞きました。
今回ご利用させていただき、とても良かった点は、
少ないヒアリングで、インタビューの質問を書き起こしていただけたのが、業務の負担が軽くなり良かったです。
質問もこちらで考えるとなると結構大変なイメージがあります(-_-;)
どのような質問をすれば相手のインサイトを聞き出せるかも、正直わからないため、慣れている方に考えていただいたほうが、自身で質問を考えるよりも、結果的に良い情報を取れてる気もします。
また、突然のご依頼にもかかわらず、迅速なご対応と、レスの速さ、とても感謝しております！

【3.今後の要望】
いつもありがとうございます。
サービス改善については特に思いつかないです。
むしろ弊社からの依頼が急なことが多く、ご迷惑をおかけしていると噂で聞きました> <すみません> <
もし、発注に関してご要望などありましたらお伺いしたいので、おっしゃってください。※すでに弊社メンバー誰かに伝えていたらすみません(;^ω^)

ポップインサイトでは顧客アンケート結果を毎週の朝会で共有

終わりに

「もうオフィスはなくしたらいいんじゃないの？」

会社の財務状況が思わしくなく、行く末に悩んでいた私に対し、妻が提案してきました。確かにオフィスをなくすことができれば、賃料を下げることができ、財務的には助かります。そもそも週に1〜2回しか出社してないメンバーもいますし、仕事のやり取りのほとんどはインターネット経由でできます。

「オフィスなくすか」

数分間の逡巡を経て、オフィスをなくし、全面的にテレワークに移行することを決めました。まだ代表の私、社員6名、パート数名で合計10名程度の小さなチームだったので、意思決定も早かったのです。

オフィスを実際になくすまでには、解約通知をしてから半年程度かかるため、まずは全員の出社頻度を週3程度に下げ、徐々に在宅を前提とした働き方にシフトしていきました。

半年後、オフィスをなくし、全社的なテレワーク体制に移行しました。

この話は、2020年のコロナ影響での話に見えると思いますが、実はそうではありません。遡ること5年前、2015年9月の出来事です。当時私は株式会社ポップインサイトを経営していましたが、業績不振によりキャッシュが底をつく可能性が高く、苦肉の策として、全面テレワークへの実行を決意し、テレワークの導入を開始しました。

その後、どうなったか。

業務自体は全く問題なく進み、テレワークに移行したことでむしろ可視化が進みました。当時では珍しい完全テレワーク体制をとり、全国のどこでも採用する体制に移行したことで、東大・京大といった高学歴な候補者の方が自社サイトから応募してくるようになりました。メンバーの数は約5倍の50人を超えました。
設立数年の零細企業ながら、「テレワーク先駆者百選」という総務省主催の団体に、ソフトバンク・日本電産・武田薬品・リコーといった大手企業が並ぶ中に名前を連ねました。
東証一部上場のメンバーズからお声がけをいただき、M&Aによってグループ会社になりました。私自身は、2020年4月からは、ポップインサイトの代表は退任し、メンバーズの執行役員となっています。

テレワーク体制に移行したことが、会社の成長の大きなきっかけになりました。

テレワークだからこそ実現できること

私が大学を卒業したのは2008年3月末でした。ちょうど、同じ月に発売された本があります。『日本でいちばん大切にしたい会社』という本です。法政大学教授の坂本光司さんが、日本の企業の中で、事業規模や売上・利益ではなく、あり方や志が優れている会社を紹介するという本です。

その中の1社が日本理化学工業という会社です。黒板のチョークを製造している社員数100名弱の中小企業です。そして社員の7割が障害者です。
社員数が10数人だった昭和34年のある日、養護学校の先生から、卒業予定の障害者の子供を採用してほしいというお願いがありました。社長の大山さんは「その子たちを雇うのであれば、その一生を幸せにしてあげないといけない」と悩み、一度は断りますが、1週間だけの就業体験ということで2人の少女を受け入れます。就業体験が終わった前日、10数人の社員が大山さんを取り囲み、「ぜひ正社員で採用してあげてほしい」と懇願されました。ここから障害者採用をスタートします。
しかし大山さんは「どう考えても、会社で毎日働くよりも施設でゆっくりのんびり暮らしたほうが幸せなのでは」と疑問に思い、ある禅寺のお坊さんに質問します。するとお坊さんはこう答えました。
「幸福とは、①人に愛されること、②人にほめられること、③人の役に立つこと、④人に必要とされること」「(そのうち②③④の)三つの幸福は働くことによって得られる」

この本を読んだのは、私がまだ社会人一年目になった頃です。「会社とはこのようにあるべきなのか」と強く感銘を受けました。
時は流れ、2019年の春。ポップインサイト社長であった私に、採用担当者から、ある候補者の面談を依頼されます。
その候補者の方は、29歳の男性。有名な大学を卒業し、ベンチャー企業で営業職としてバリバリと活躍していました。すでにご結婚もされ、生まれたばかりのお子さんがいます。そして、白血病を患っているとのことでした。
1年ほどの闘病の末、入院中ではありながら自宅での維持療養に移行しており、在宅であれば仕事ができるのではないか、ということで応募してくれたのです。
面談をしました。話しぶりも非常にハキハキし、過去の仕事における主体性なども感じ、とても高評価でした。
果たして会社として、採用すべきかどうか。正直、すこし悩みました。でも、気持ちは決まっていました。社会人1年目から何度も読み返した『日本でいちばん大切にしたい会社』の、あのエピソードが頭の中に再び浮かんできます。
入社後、救急車で運ばれる事件などもありました。しかし今でもポップインサイトで活躍してくれています。

そして、本書をまさに執筆中の2020年8月。私はポップインサイトの社長をすでに退任していましたが、彼から1通のメッセージが入りました。

お久しぶりです。
急なご連絡となりましたが、この度抗がん剤治療が終了しましたので勝手ながら報告させていただきました。
がん患者であり、なおかつ治療中という身でありながらポップインサイトに入社させていただいたことは、本当にうれしかったです！
最初白血病と分かった時は「確実に普通の生活なんてできなくなるだろうな…」と思っていましたが、ポップインサイトに入社して、ほかの人と同じように仕事をするという当たり前の生活が送れるようになったことが奇跡だと思っています。
もちろん経済的にも仕事ができるということはうれしいですが、何より「ずっと寝ているだけ=ただの病人」という状況だった自分が、「働いている=普通の生活を送っている人」という状況になったことで、前向きに生きていられるようになりました。
ずっと寝ているだけだと本当に社会との関わりが一切なくなり、余計自分が病人であることを自覚してしまう毎日でした…。
あの時入社を認めていただいた池田さんはじめ、ほかの役員や人事の方々、またこんな自分でも普通に仕事ができる環境をつくってくれているポップインサイトやメンバーにとても感謝しています。
ありがとうございます!!
今まで治療や体調不良などでご迷惑をおかけし、これからも月一で定期検査の通院などがあるため離席の時間を取らせていただきますが、今まで以上に元気に働いていきたいと思います！
これからも宜しくお願いします。

テレワークは、働き方の１つのバリエーションに過ぎません。職種によってはテレワークが全くできないこともあります。またテレワークによって、不便さを感じることや制約が出ることも決して少なくありません。
しかし、テレワークという選択肢が広がり、テレワークであっても信頼関係を養うことができるコミュニケーションの土壌があることで、自分らしくやりがいのある仕事を享受できる人が増えることもまた真なりと思っています。

本書が、企業・チームのテレワークでのコミュニケーション課題解決に寄与し、その結果として一人でも多くの人がイキイキと仕事ができ、仕事を通じてよりよい人生を送ることができる一助になれば、著者として望外の幸せです。

本書を無事に出すことができたのも、ポップインサイトの皆さん、メンバーズの皆さん、そしてこれまでに出会った多くの方々のおかげです。本当にありがとうございます。また家族時間を削って部屋にこもる私を快く応援してくれた絢子、美咲、和真にも本当に感謝しています。ありがとう。

索引

アルファベット

Box 64
Chatwork 56
Dropbox 64
Good&New 139
Google Chat 56
Google Drive 64
Google Meet 60
Googleカレンダー 70
Googleスプレッドシート 67
Googleスライド 67, 82
Googleドキュメント 67
Gyazo 73
KPI 158
LINE WORKS 56
Loom 78
Microsoft OneDrive 64
Microsoft Teams 56, 60
miro 82
Skype 60
Slack 56
TimeTree 70
Twitter 149
Zoom 60

あ行

アイスブレーク 213
アクセス権限 69
アップロード 78
アンケート 217
意図 116
オープン化 119
オープンマインド 144
音声状況 194
オンラインイベント技法 209
オンラインストレージ 64
オンラインドキュメント 67
オンラインホワイトボード 81
オンライン会議 45, 60
オンライン合宿 92

か行

会議時間 205
カスタム絵文字 133
画面キャプチャ 72, 167
画面共有 190
カルチャー 16
カレンダー 70, 150
関数 160
記号 114
議事メモ 221
ギャップアンケート 237
共有 65
コア・バリュー 104
行動指針 16, 103
ゴールデン・サークル 95
コストダウン 15

さ行

サイボウズ Office 70
雑談 32
自己開示 89
自己トリセツ 86
事前アジェンダ 186
自分チャンネル 142
社員の定着率 14
社会的責任 14
状況共有 165
進捗状況 155
心理的安全性 24
スクリーン録画 75, 175
スマホ閲覧 124
スレッド 57
生産性 18
相互理解 93
相互1on1 99

た行

タスク――128
多様性――104
チーム――25
チャット活用リテラシー――117
チャンネル作成――121
朝会――136
テレワーク導入の4つの抵抗――16
動画共有――77
投稿タイミング――146
投稿内容――146
投稿パターン――146

な行

日報――161
ノイズキャンセリングサービス――199

は行

バージョン管理――69
バーチャル背景――215
ハイコンテクスト――28
ハイパフォーマー――243
発言時間――96
ピア・プレッシャー――137
ビジネスチャット――56
ビジョン――16
非同期コミュニケーション――111
評価基準――224
評価制度――227
表彰制度――108
表情――200
ピン留め――128
ブレークアウトセッション機能――61
ブレークアウトルーム――212
プレゼンテーション――95
プロトタイピング――169
文章構造――115
文章リテラシー――110
分報――161
編集――68

ま行

マネージャー――25
ミッション――16
ミュート――198
メンション――123
メンタルヘルス――21
メンタル不調――21
モーニング・ルーティン――138
文字化――113

や行

予備ワーク――181

ら行

リアクション――119
リマインド――58
リングライト――204
ローコンテクスト――30

わ行

ワークショップ――92

テレワーク環境でも成果を出す
チームコミュニケーションの教科書

2020年11月22日　初版第1刷発行

著　者：池田 朋弘
発行者：滝口 直樹
発行所：株式会社 マイナビ出版
〒101-0003　東京都千代田区一ツ橋2-6-3　一ツ橋ビル 2F
TEL：0480-38-6872（注文専用ダイヤル）
TEL：03-3556-2731（販売部）
TEL：03-3556-2736（編集部）
編集部問い合わせ先：pc-books@mynavi.jp
URL：https://book.mynavi.jp

ブックデザイン：深澤 充子（Concent, Inc.）
DTP：富 宗治
担 当：畠山 龍次
印刷・製本：シナノ印刷株式会社

ISBN：978-4-8399-7438-1